你若盛开，清风自来2：

做个情商高的女人

王　林◎编著

中国纺织出版社

内 容 提 要

情商能够直接影响女人的生活，而女人是感性的，情感是意识活动的重要动力之一，又受人主观生理和客观环境的制约与影响。

高情商是开启女人心智的钥匙和魔镜，是女人快乐交际、获得幸福的秘诀。高情商的女人往往能迅速解决问题，将环境中的消极面压缩到最小限度，并竭尽全力在环境中寻找积极的方面，引领周围人前进，并以无可抵挡的魅力吸引更多人围绕在自己周围。本书旨在帮助读者练就高情商，在工作和生活中如鱼得水、顺风顺水。

图书在版编目（CIP）数据

做个情商高的女人／王林编著. --北京：中国纺织出版社，2018.5
（你若盛开，清风自来；2）
ISBN 978-7-5180-4947-9

Ⅰ.①做… Ⅱ.①王… Ⅲ.①女性—情商—通俗读物
Ⅳ.①B842.6-49

中国版本图书馆CIP数据核字（2018）第082025号

责任编辑：闫　星　　特约编辑：李　杨　　责任印制：储志伟

中国纺织出版社出版发行
地址：北京市朝阳区百子湾东里A407号楼　邮政编码：100124
销售电话：010—67004422　传真：010—87155801
http：//www.c-textilep.com
E-mail：faxing@c-textilep.com
中国纺织出版社天猫旗舰店
官方微博http://weibo.com/2119887771
北京通天印刷有限责任公司印刷　各地新华书店经销
2018年5月第1版第1次印刷
开本：710×1000　1/16　印张：13.5
字数：208千字　定价：36.80元

前言

智商虽然是女人成功的重要因素，但是影响女人一生的更多的还是情商。

情商就是我们经常说的理性、明理，主要是指信心、恒心、毅力、忍耐、直觉、抗挫力、合作精神等一系列的反应程度，是理解、控制、运用表达自己以及他人情绪的一种能力。

身为女人，情感是意识活动的重要动力之一，而情感又受主观生理和客观环境的制约与影响。一个具有良好情商的女人可以影响周围人的情感，令人心情愉快、身心健康，令自己的发展通畅发达。

所谓“三分做事，七分做人”，做事的三分就是所谓的智商，而做人的七分则是情商，人与人最大的潜在差异就是情商的差异。智商是基础，情商是升华，情商高的女人大多都有一个相对较高的智商基础，但智商高的女人未必都有一个高水平的情商，女人越往高阶层走，情商的作用就越是显而易见。成功的女人基本上都是高情商的人，她们会选择合适的方式表达自己的情绪，善于发现他人的优点，关心他人，热爱团队合作，自然走到哪里都有朋友。

高情商的女人往往能处处发现美，欣赏到周围事物和自然景观的美好，听闻鸟语花香，进而心情愉悦；情商高的女人往往善于用振奋人心的思路来组织语言，将周围人引导到积极乐观的道路上去；高情商的女人往往善于体验现实中的美好事物，不纠结于过去，而相信只要自己肯努力，那么未来就是快乐而无可限量的沃土；高情商的女人总是对别人微笑，也能得到他人回报的微笑，总是热情洋溢地谈论自己的时光，懂得快乐生活是人生的真谛；高情商的女人往往能迅速解决问题，将环境中的消极面压缩到最小限度，并竭尽全力在环境中寻找积极的方面，引领周围人前进，并以无可抵挡的魅力吸引更多人围绕在自己周围。

对任何女人而言，成功并非命中注定。成功的女人之所以能成功，除了不懈努力之外，高情商是最关键的成功要诀。拥有高情商能让女人淋漓尽致地发挥自己的智慧和潜能，更懂得如何抓住机遇，进而获得成功，在工作和生活中如鱼得水、顺风顺水。

编著者

2018年1月

目录

上篇　女人的幸福与情商有关

幸福女人
上篇
女人的幸福与情商有关

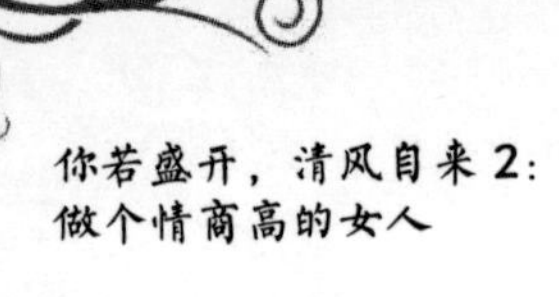

第 1 章　为什么情商高的女人总是比我更好命

高情商帮助女人变强大

情商，也就是情绪智力，主要是指人在情绪、情感、意志、耐挫折等方面的品质。所谓的高情商，其实就是聪明的另一种说法，但它并不是指智力上的聪明，而是女人的生活能力，如如何为人处世、控制自己、控制情绪，是否关心别人以及是否能有效地激励自己。或许有人会问：情商究竟有什么用呢？我们可以简单地说，高情商是女人的协调者、创造者，是幸福生活的推动者。因为拥有了高情商，女人就懂得如何将人生的罗盘拨向好运和成功的一面。

高情商的女人懂得只要是自己认定的目标，就要努力地坚持下去。哪怕前面路途上有不尽的坎坷，哪怕荆棘满地，她们都会咬牙坚持过去，因为她们知道，前方的道路就有可能开满了成功之花。聪明的她们知道一天不可能登上成功的山峰，于是，她们学会把失败当朋友，坚持不懈，直到成功的那一刻。

从小受父亲这位体育教练的影响，邓亚萍在童年就萌发了自己非凡的梦想，她希望自己可以成为一名杰出的乒乓球运动员。在这个梦想的促使下，她很想进入体校学习，但由于自己身材矮小，不符合体校的要求，因此邓亚萍只能徘徊在体校大门外。

不过，邓亚萍并没有抱怨，更没有放弃儿时的梦想，她不放过一切可以进入体校的机会。终于功夫不负有心人，她被体校录取了。由于自己的父亲就是体育教练，因此从邓亚萍进入体校那天开始，父亲就成了她的专职教练，而且为她编排了一套完整的体育训练课程。

在训练的过程中，邓亚萍十分明白，自己要想成为一名出色的运动员，必须学会吃苦，方能实现自己心中的梦想。于是，她豁出去了，每天除了完成父亲指定的课程以外，她还坚持做100个发球接球的动作。虽然邓亚萍当时只有七八岁，但为了让自己的球技更好，基本功更扎实，她毅然在自己纤细的小腿上绑上了沙袋，这对于一个小女孩来说，不仅需要承受身体上的疼痛，还需要承受心理上的压力。个子矮小的她，做每一个动作都可以说是举步维艰。但尽管这样，她所展现出来的永远是倔强不屈的个性，从来不喊一声苦，不叫一声累。

正是这样异常艰苦的训练，让邓亚萍打下了非常牢固的乒乓球基础，而且形成了“正手快、反手怪”的个人特点。也因为如此，邓亚萍如愿以偿地登上了乒乓球运动的顶层宝座，并铸就了令世人瞩目的辉煌战绩。

谁能完全肯定丑小鸭不能蜕变成美丽的白天鹅呢？邓亚萍以自己的亲身经历向我们证明了一切，虽然她个子矮小，但却势不可当地成为乒乓球坛的巨人。或许，我们只看见成功女人身上的光环，却没有看到她们背后的艰辛。每一次成功都是用汗水和心血灌溉的，没有付出，哪能有收获。我们应该知道，目标是一点一点、一步一步实现的。

情商可以让我们改变心情，在生活中，我们不能改变事情的结果，不能左右天气的阴晴，不能改变人生的苦难，但是，我们却可以改变自己的心情。对于女人来说，需要接受一切可以接受的，改变一切自己能改变的。也许生活中的某些事情会让我们的心情变得很差，这时不妨换一种心态，你会发现事情并没有想象中那么糟糕。

从前，有一位老太太，她有两个女儿，大女儿嫁给了卖伞的老板，小女儿当上了洗衣作坊的女老板。每逢雨天，老太太就会担心小女儿的洗衣作坊衣服晾不干；每逢晴天，老太太又怕大女儿伞店的雨伞卖不出去。于是，老太太整日忧心忡忡，天天为自己的两个女儿担忧，日子过得极不舒心。

后来，一位聪明人告诉她：“老太太，您真是好福气！下雨天，您大女儿家生意兴隆；晴天，您小女儿家顾客盈门。哪一天您都有好消息啊！”

天气没有变，但是心里的天气可以变。其实，对任何事物的看法，都取决于自己的心情。所以，当自己心情糟糕的时候，给自己换一种心情，这样会让你有全新的发现。有时我们的心情表现出消极的时候，就无法用理智的眼光来看待问题，你的思路已经被消极给封闭了，你会主观地用消极的态度看问题，而这些都是低情商的表现。

情商较高的女人，总是能够在生活和工作中获得自己的成功。她们大都目光长远，不计较眼前的利益，而是关注长远的利益。她们考虑问题，总是深思熟虑；她们做事情，总是未雨绸缪。在生活中，她们能够打开心扉接受各种情绪的影响，具有很强的情绪承受能力。她们在生活中总是保持乐观、积极向上的心态，所以她们常常能战胜人生路途中的每一个艰难险阻，最终摘得成功的果实。

高情商的女人更接近成功

俗话说：“行动才是真理。”有些女人做事总要等到自己心情好的时候才着手去做。而高情商女人就不会这样，她们一旦心里有了什么想法，就放开自己的手脚去做。只有投入到实际的行动中，才能发现问题的所在，才会及时更正，才有成功的机会。当你对一个计划有所改变或者是创新的时候，行动才是取得成功的关键。高情商的女人不管自己的心情如何，都会坚持正常工作。她们努力克服自己的不良情绪，始终保持最可能获得成功的心态。她们只要有一点点想法，哪怕是不成形的，都会勇于去尝试。因为她们知道，如果不去尝试，就永远没有机会获得成功。而且，在尝试的过程中，高情商女人更是拿出自己内心的坚韧与执着，永不放弃，朝着既定梦想和目标前进。

杨润丹是美国杨氏设计公司的总裁，同时，她也是一位资深生活设计师。早年，她毕业于纽约大学的室内设计专业，后来在美国密歇根大学获得硕士学位。作为设计行业的领军人物，她已经从事设计工作30年了，在工作中，她倡导创造高品质的生活，并将不同的潮流带入室内外的设计中。所以，她所创造的品牌不断发展壮大，得到了越来越多人的支持与认可。

早年，移居美国的杨润丹随着父亲第一次踏上中国，后来，由于工作她常常往返于中国与美国之间。随着对中国的熟悉，心有志向的杨润丹决定在中国成立工程公司。心中有了决定，说干就干，杨润丹心想，尝试了才有可能成功，若是不尝试，就绝对没有成功的机会。刚开始创业的时候，她白天做设计，晚上去工地检查、指导、学习。回忆那段辛苦的日子，她说："我一个女人在中国在北京，没有任何背景，没有任何关系，一开始赔了很多钱，无数次想打包回去不来了，而且那时我还生病，可是我想这么多人跟着我，人家把工作给我，就是相信我，所以，我只能成功，不能后退。"

其实，做人与做事有异曲同工之妙，做成一件事情，首先需要立即行动，否则你就丧失了机会。其次必须战胜困难，若是不够坚韧，缺乏执着的精神，那事情肯定不会成功。高情商女人懂得如何获取成功，那就是心动不如行动，在通往成功的路上，需要坚持、坚持、再坚持。

高情商的女人时刻怀着一颗乐观的心去对待生活，积极向上。如果自己改变不了厄运，那就改变心情。拥有积极向上心态的她们，不但善于去克制自己的情绪，而且也在生活中影响着他人的情绪，不知不觉就用乐观感染身边的每一个人。遇到烦恼时，她们也不烦躁，因为她们知道，生气是没有作用的，唯有乐观才能让那些痛苦、烦躁烟消云散。

她在10岁的时候就开始踏上滑冰场，她是个追求完美的女孩子。严酷的训练也让年幼的她疲于奔命，但为了完成心中的梦想，她咬着牙坚持了下来。18岁那年，她的头椎受伤了，在北京、沈阳几家大医院诊断，都被告知相同的结论：如果再继续练滑冰，将有瘫痪的危险。于是，摆在她面前的是继续与放弃这一艰难的选择，生性乐观、不服输的她选择了前者。

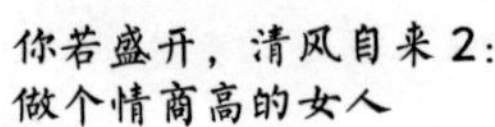

1988年，本来已经进驻冬奥会选手村三天的她突然被国际滑联取消参赛资格，并被罚停赛15个月，理由是她所吃的中药里含有禁药成分。即将踏上自己的人生舞台，却被告知取消了资格，这次的打击无疑是十分严重的。对于23岁的她，似乎承受不起，因为自己已经没有多少运动生涯了。

面对这样的结果，她一度丧失了希望，但她还是抱着积极乐观的心态来看待这一些。辛苦训练四年之后，她又一次站在了冬季奥运会上，准备充分的她以一连串令人震惊的成绩，让世人刮目相看。这时候，她已经28岁了，困扰着她的依然是艰难的去留选择，她考虑了很久，最终以超人的毅力留了下来，并为自己设定了更高的目标，超越荣誉的决心使她战胜了病痛。

在一次又一次的比赛中，她用自己的身体演绎了完美的神话。即使受着病痛的折磨，她依然展现出最迷人的风采，用不断的奋斗来充实自己的人生。

许多女人都忽视了这样一个道理：女人的好心态比漂亮的外貌更重要。好心态，就是可以坦然地接受自己；即使在逆境中，也保持乐观的心态。当青春美貌来不及缱绻情长，像过客一样飘然离去的时候，那些相貌平平，甚至身体残缺但心态好的女人却更容易被人们记住，因为她们成功了。

高情商的女人善于抓住幸福

高情商的女人，她的家庭生活往往幸福甜蜜，因为她懂得如何去处理家里产生的种种矛盾，不急不躁，不吵不闹，游刃有余地掌控着事情的发展动向。反之，那些低情商的女人动不动就发脾气，她们常常受坏情绪的控制，总对家里人发脾气，从来不会致力于寻找解决问题的办法，结果伤人伤己，使得一家人互相敌视，甚至搞得家庭四分五裂。高情商的女人能让家庭生活幸福甜蜜，她们珍惜家庭生活，从来不把家庭当作发泄坏情绪的垃圾桶，而是把家庭当作幸福的归宿。她们懂得幸福甜蜜的家庭生活并不是随便就能获得的，而需要自己用心去经营。

高情商的女人善于掌控自己的感情，她们不依附在男人的身上，而喜欢做独立的自我。她们享受着那份独立，也赢得了自己的幸福，这就是高情商女人的高明之处。所以，抓住男人心的最佳办法就是活出自己的精彩，尤其是那些生活在“围墙”里的女人，更需要以高情商来和谐家庭氛围，把握住属于自己的幸福。

小丽在一家大公司上班，平时工作压力就大。这不，最近接手了一个很棘手的新客户。她第一次提案就被狠狠地打了回来，要求重做，时间紧迫，客户要求很刁钻，令她情绪很差。

晚上下班回到家，一进家门，就看见儿子坐在地上玩耍，手里拿的是自己公司里的阅读资料。她急忙从儿子手中抢过资料，再看丈夫，正悠闲地坐在沙发上看电视。小丽火气腾的一下就上来了：“你回来就像个大爷一样，儿子也不管？晚餐也不准备？都打算叫我做吗？……”小丽怒气冲冲地数落起丈夫来，声音也是最高分贝，一下子就把儿子吓哭了，丈夫赶紧把儿子抱在怀里，无辜地问：“你今天怎么了？我们没有招惹你吧。简直莫名其妙。”说完，带着儿子到书房去了。

小丽还想说几句，可是感觉已经没有力气了，瘫倒在沙发上。

小丽把工作中积攒的坏情绪带回了家，于是乎，丈夫和儿子就成了无辜的受害者。小丽把自己的坏情绪当作发脾气的借口，扰乱了家庭的和谐安宁。若小丽不懂得控制自己的情绪，仍采取低情商的行为，那带给家庭的只会是无尽的哀怨，而不是幸福甜蜜。

最近，不管是闺蜜还是公司的员工都告诉李梅，她老公身边有新人了。李梅也经常听老公说起那个女人，她是公司的合作伙伴，有着美丽的外表、显赫的家世。后来，她在一次聚会上见到了真人，那个骄傲的女子在李梅面前毫不掩饰自己的感情，似乎正式向自己叫板了。李梅笑着，展现着优雅而自信的姿态。

李梅还是老样子，只不过做了新的发型，换了新的衣服，看起来就像大学时那么美丽可爱；她开始变着花样做菜，知道老公外面应酬吃的都是比较油腻的食物，她特意做了清淡的饭菜，让老公吃得赞不绝口；周末的时候，她会邀请老公带着自己和女儿一起出去郊游，如果老公实在抽不开时间，她一个人也带着女儿出去，母女俩玩得很开心；她开始重拾英语，从结结巴巴的口语居然练到了能用英语与老外交流；偶尔与好朋友参加旅游团，上个月还去了欧洲，给老公和女儿带回了礼物。

面对着李梅如此的变化，老公回家越来越勤了，经常推了应酬回家吃饭，周末时也乐意与老婆孩子待在一起享受快乐。那个女人的名字几乎再没有提起了，老公几次想解释什么，但都被李梅打断了。李梅微笑着，幸福从来没有远离自己。

面对老公的外遇，高情商的李梅并没有大吵大闹，而是慢慢地改变自己，以此来挽回老公的心。最终，她成功地抓住了属于自己的幸福。在现实生活中，许多女人一旦发觉老公有了外遇，就必然会一哭二闹三上吊，千百年来，这几乎是女人最拿手的好戏。但时至今日，这样的方法已经没有任何效果了，如此作践自己只会让男人更看轻你。所以，不妨学习高情商女人李梅，反思是否自己忽视了穿衣打扮，熬成了一个黄脸婆；是否因为忙碌而忘记了与丈夫交流感情；是否家里的饭菜一日不如一日。

高情商的女人之所以能获得家庭的幸福与甜蜜，就在于她们善于控制自己的情绪。吵架时决不恶语相向，而是积极化解自己的消极情绪；对待老人和小孩，从来不抱怨，因为心思细腻的她们在照顾老人和孩子的过程中发现了快乐的因子。任何时候，她们对生活都充满了希望，也因为如此，她们总是能够给家人带来欢乐。

历练能更有效地提升情商

情商是一种能力，可以感觉、了解和有效应用情绪的力量与智能作为人类的能量、信息和影响的来源。情商一方面能够显示出理性的智能，另一方面，它还来自心的智慧。通常一个人在婴幼儿时期就有一定的情商，然后在儿童和青少年阶段逐渐提升，因此情商主要是在人际互动中培养起来的。青春期

是一个黄金时期，是一个人成为成人的过渡时期。处于这个时期的青少年面临生理上和心理上的巨大变化以及学习上的巨大压力，这些都足以造成青少年心理失衡和复杂的心理矛盾，甚至产生严重的后果。实际上，这些问题与青少年的情商有关，而提升情商最快速、最有效的方法就是心理训练。

情商包括这几个方面的内容：认识自身的情绪，因为只有认识到自己，才能成为自己生活的主宰；妥善管理自己的情绪，也就是能够调控自己；自我激励，它能够使人走出生命中的低潮；认知他人的情绪，这是我们与人交往，实现顺利沟通的基础；人际关系的管理。很多时候，情商成为一种智慧，它包括对于人生价值和意义的理解，对自我的人生目标的知晓，对人生征途的把握。当然，情商是后天的，是可以训练和培养的，不过，这绝对不是靠读书、考试、学习而来的，而是通过训练自己而达到的。

作为女人，可以通过以下的训练来提升自己的情商：

1.每天保持好心情

心理专家说，养成每天照镜子的习惯，可以使你保持一个好心情。古人曰："以铜为镜，可以正衣冠；以史为镜，可以知古今；以人为镜，可以正己身。"在照镜子的同时，可以调整自己的心情，你可以每天早上对着镜子大声说："我是最棒的，我是最好的，大家都很喜欢我！"

2.学会帮助别人

在生活中，要学会帮助别人，每天帮助一个人，你的快乐就会多一点，这样，你的生活就会少了烦恼，多了快乐。另外，我们还需要记住别人的名字，让他人感觉你对他的重视程度。

3.敢于承担责任

即使你只是一个女人，也应该学会做一个负责任的人。要敢于承担责任，不要推卸责任，遇到了问题，不要给自己找借口，而是正视问题、分析问题、解决问题，这才是做人之道。

4.学会倾听

沟通的秘诀在于少说多听，而且，倾听是一种很好的美德。在生活中，许多女人不是很喜欢听别人说话，老是喜欢自己说，这是一种不好的习惯。我们应该养成倾听的习惯，做到多听多看多做。

5.学会赞美

赞美是人际交往的润滑剂，在与他人相处的过程中，我们要学会赞美。而且，赞美要真诚，要发自内心，而不是奉承他人，我们可以经常对他人称赞说："你很优秀。"

6.学会沟通

在日常交际中，我们要善于沟通、交流，而且，在沟通、交流的时候，要以坦诚的心态来对待，开诚布公，如此才能与他人建立融洽的关系。

7.需"二容"

所谓"二容"就是"包容、宽容"，一个女人为多大的事情计较，就证明你的心胸有多大。古人说得好："大肚能容，容天下不平之事；笑口常开，笑天下可笑之人"。对人对事应怀着一颗包容、宽容的心。

8.有"三情"

一个女人应该有"三情"，即激情、热情、感情，对自己的工作应该有激情，对生活要充满热情，而对身边的人或亲朋好友要有感情。

9.做到"三不"

在生活中，我们需要做到"三不"，即不批评、不生气、不抱怨。遇到令我们生气的人和事，要学会包容，不要批评，也不要生气；遇到烦心的事情，不抱怨，以平和的心态来面对。

通过上述训练，可以有效地提高自己的情商。反观那些低情商的女人，她们在生活和工作中缺乏理性的认识，意志不够坚定，难以控制自己的情感。她们通常喜欢抱怨，容易冲动，常会陷入一些情绪上的误区，而自己却毫无察觉，是一个典型的悲观主义者。

有人给出了这样一个公式：80%情商+15%智商+5%逆商（逆向思维能力）=成功人士。在一个人成功的所有要素中，智力因素只占了20%，而情商因素占了80%。大量事实证明，情商对于一个人的成功有多么重要，科学家认

为，情商是一种驾驭自己的能力，包括驾驭自己的情绪，驾驭自己的思想，驾驭自己的意志，最后，努力去实现自己的愿望。

情商高的女人拥有生命的智慧

女人的人生就像一条崎岖坎坷的路，路上有荆棘、沼泽，亦有鲜花和美景。而做女人的艺术不过就一句话：取舍有道。取舍无道，生活便会陷入斤斤计较的囹圄，难有真正的开心和快乐；取舍无道，人生终会失去方寸，也难以享受生活的各种境界；取舍无道，人生便会因患得患失而没有前进的动力，也不会有所建树。

取舍有道，才能豁达前行，无惧艰险，也才能拥有披荆斩棘的魄力、睿智前行的胆识、力挽狂澜的勇气，让自己在坎坎坷坷中坚定跋涉，在风风雨雨中昂首前行。取舍有道，才能敢于面对任何事端，最终超越自我，实现睿智的蜕变，获得最终的福报。女人面临的世俗生活就像一场充满抉择和拼搏的较量，而较量的对手是自己。真正成功的女人总是善于隐藏自己的锋芒，在取舍与否中保持本质、游刃有余。

功名和财富也许会随着时间的推移不断增加。但岁月和健康却会不断锐减。有一天当这两条曲线交叉时，生命的显示屏上就会出现零，最终什么都带不走，这就是生命的残酷与真实。“天下熙熙，皆为利来；天下攘攘，皆为利往”，在生活中有的女人会为了追求一己之利，把自己全部的精力都投入到名利场中，而利益一旦成为个人追求的最终目标，个人的行为便会陷入一种盲动的误区，欲望就会蒙蔽灵魂，让人只顾追求利益，而忽略了脚下所走的路是否正确。

早晨，妈妈做了两碗荷包蛋面条，一碗上边有蛋，一碗上边无蛋。端上桌，妈妈问孩子：“吃哪一碗？”“有蛋的那一碗！”孩子回答。

“让妈妈吃那碗有蛋的吧。”妈妈说，“孔融4岁能让梨，你10岁啦，该让蛋吧？”“孔融是孔融，我是我——不让。”“真不让？”“真不让。”

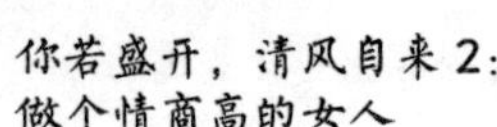

孩子一口就把蛋给咬了一半。“不后悔？”“不后悔！”孩子说罢又是一口，把蛋吞了下去。待孩子吃完，妈妈开始吃。没想到妈妈的碗底藏了两个荷包蛋，孩子傻眼了。妈妈指着碗里的荷包蛋告诫孩子说：“记住，生怕自己得不到、处处想占便宜的人，往往占不到便宜。”

隔天，妈妈又做了两碗荷包蛋面条，一碗蛋卧上边，一碗上边无蛋。端上桌，又问儿子：“吃哪碗？”“孔融让梨，我让蛋。”孩子狡猾地端起了无蛋的那碗。“不后悔？”“不后悔。”孩子说得坚决。

可孩子吃到底，也不见一个蛋，倒是妈妈的碗里上卧一个，下藏一个，孩子又傻了眼。妈妈指着蛋教训儿子说：“记住，不知取舍、想占别人便宜的人，可能要吃亏。”

又过了一天，妈妈又做了两碗荷包蛋面条，还是一碗蛋卧上边，一碗上边无蛋。妈妈又问儿子：“吃哪碗？”“孔融让梨，我让面——妈妈您是大人，您先吃。”孩子诚恳地说。“那就不客气啦。”妈妈端过上边卧蛋的那碗，孩子发现自己碗里面也藏着一个荷包蛋。妈妈说：“看，只有懂得取舍的人才能有所收获。”

女人不仅仅要这样教育孩子，也要如此告诫自己：取舍有道地向前走，哪怕道路艰险，会摔得头破血流，也要不顾一切地前行，而这也是做女人睿智的选择。女人在人生中当前进的脚步受阻时，不妨稍作取舍，从而积蓄力量，以待下一次更好地前进。

生活就是如此，明了取舍，舍的实质可能是取，而取的目的也许是舍，二者是相辅相成的，欲成为智慧的女人，应当牢记这样一句话：取舍有道，是睿智的选择。灵活地把握取舍之间的关系，明确取舍是为了更好地前进的道理，往往会收到事半功倍的效果。

世俗中的取舍有道，给女人们增添了智慧的光芒、品格的力量、财富的沉淀、亲情的温暖，从而丰富了生命的意义；世俗中的取舍有道，为女人们减去了多余的物质、贪恋的欲望、心灵的重担、环境的纷扰，如此，你才能拥有更成熟的思维，更健康的生活，更睿智的人生！

第 2 章　情商认知，了解自己提升魅力

别被心上的负荷压垮自己

在现代社会与职场中，越来越多的女人担当了重任，她们的生活空间逐步扩展的同时，所承受的压力也越来越大。除了事业上的重担，还要承担沉甸甸的家庭重担，面对如此现状，女人们难免觉得压力重重，身心疲惫。女人在面对压力的时候，要能找到缓解压力的途径，同时懂得抵制压力，明确自己生活的重心，让自己过得轻松自在。

工作和生活当然不可能事事如意，难免会遇到你不喜欢的工作，觉得做起来没意思、不热爱、压力大，从而情绪低落。这时，请不要随便放弃，不妨尝试着换种心态、处事形式和思考方法，或许，你会发现一个全新的自己而改变初衷呢！

压力重重之下，女人需要寻找机会来释放自己，减轻沉重的生活和工作的压力，努力在点滴生活中培养自己的乐天派性格，留意周遭各种各样的快乐元素，尽量给自己减压。你可以在工作和家庭中为自己设定合理的目标及节奏，在一段时间内完成某项工作或使家庭生活达到某种水平，这就值得你欣慰不已了。

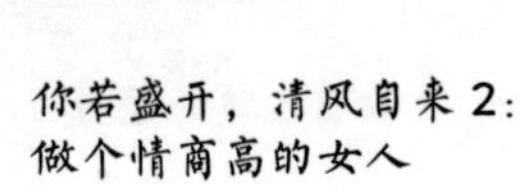

周萍从小就是一个文静的女孩。大学毕业后，她到一家公司做销售助理。苦于没有工作经验，又缺乏对工作的兴趣，周萍最初阶段做得非常辛苦，一向自视能力很高的她第一次谈业务就遭到客户的拒绝，被拒后的沮丧让她倍感委屈，压力十分之大，但不服输的个性让周萍还是坚持下来了。她先不断调整自己的工作状态，与前辈交流工作经验，改变自己的工作心态，在坚持不懈的努力下，她终于赢得了自己的第一个客户。有了良好的开始，周萍对以后的工作越发有信心了。一段时间下来，她发现自己变了，曾经并不擅于交际的自己，现在居然能和客户拉家常、闲聊，而且还以特有的亲和力博得许多客户的好评。当她越来越起劲地做这些事的时候，她明显地感到自己的心态变了，变得主动起来，压力也小了不少，她明白自己已经喜欢上了这份工作。短短一年后，周萍成了让人刮目相看的销售人才。

周萍一开始对自己的工作并不喜欢，但她没有怨天尤人，闷闷不乐，而是接受现实，及时调节自己的情绪，让自己尽快融入工作，培养自己对工作的兴趣，为自己减压。

现实中很多女人都无法如愿以偿地从事自己理想的工作，因此，难免会造成心理和情绪上的困扰，感觉压力重重。女人们在照顾家庭的同时，还想追求上进，能独当一面，不被日新月异发展的社会淘汰，成为一个成功的职业女性。

种种状况下，女人的压力可想而知，如若不能为自己减压，就很容易造成心理疾病。

湘湘是一家外贸公司的职工，最近她工作起来觉得非常紧张，因为她听说了“个别员工可能被辞退，因为公司要压缩开支并整合部门”的传言。湘湘生怕自己出错，遭到辞退，影响家里的日常生活，为此只能更加努力工作。公司安排她给客户邮寄资料，她总是担心丢失，本来已经把资料完整地装进信封，但是她仍然反复检查多次，寄出后她还担心客户是否收到资料。公司安排湘湘通知同事开会时，她本来已经通知了全体同事，由于担心忘记通知某一位同事，她有时连续多次通知一位同事，这让她烦恼不已，同事们甚至质疑她的

工作能力，这更让她觉得压力重重，还出现了失眠、烦躁等症状，对她的正常工作造成严重的影响。

无奈之下，她去看了心理医生，医生告诉她，工作中的焦虑情绪让她压力过大，患上了轻微的强迫症。

避免过分关注某一负面消息，以减少工作的压力，是减压的重要方式。湘湘就是受到“公司可能辞退个别员工”的传言的影响，才会出现心理问题的。女人在工作中，一定要学会自我减压，采取积极心态应对工作中出现的各种问题。

生活中的许多闪光点就隐藏在那些每天重复做的事情中，女人应注意培养对这些简单事物的欣赏和理解能力，于平常中寻找闪光点，使自己的生活变得丰富多彩、趣味无穷。学会寻找快乐是女人为自己减压的好方法。

经常和三两个知心朋友在一起聊聊天，倾诉生活、工作中开心或不开心的事情，也是女人减压的好方法。许多不愉快的事情，只要说出来了，心里就会感到充实、畅达，正所谓一吐为快。

最重要的是，女人要保持平和心态，用平常心看世界。对于工作、生活中的一些琐事，只要不违背自己的原则，纵然不合心意，我们也就“睁一只眼闭一只眼”算了，切莫斤斤计较，积郁在心。身为女人，要经常保持微笑、丰富生活、量力而行、乐观自信，学会理解宽恕、学会倾诉倾听、学会合理拒绝，保持幽默感，维持心理健康，善待自己，把“鸭梨”变为“冻梨”！

自我激励，苦难是人生常态

苦难是女人幸福的源泉、自由的依据、生命的必经。苦难是女人人生的底色。任何一个女人都无法从内心深处驱散“人生无常”的感受，恰如老子所说：“吾所以有大患者，为吾有身，及吾无身，吾有何患？”

在苦难中，女人可以感悟“自古巾帼多磨难”的豪情誓言，便不会因挫

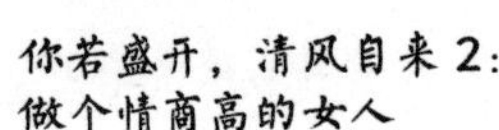

折、失败而泄气，丧失奋斗的信心；在苦难中，女人可以换一个角度去认识世界、认识自我、改变自我，体会穷则思变的深意，进而拥有前进的斗志。

苦难是女人生命的歌声，是将生命唱成久远的夜曲。苦难谱写了女人的生命，从苦难中磨炼出的女人便如同金子般坚毅。苦难是与生俱来的，是对女人人生态度的一种严峻考验，是女人生命得以升华的必经之路，只有历经磨难的女人才更加懂得生活的意义。

爱珍是个普通的女人。大儿子5个月大时，突发高烧，爱珍工作的地方很偏僻，交通不便，连起码的医疗设施也没有，那些日子，正值工作最紧张的时候，爱珍饭都顾不上吃，儿子的高烧无疑是雪上加霜，她只能找当地的土郎中给儿子打了几针。当她忙里抽空抱着儿子赶到市人民医院，医生的话给了年轻的她当头一棒：儿子因高烧患上了脑神经麻痹症，这种病意味着儿子从此成了废人。生活一下子变得沉重起来，在大儿子没有患病的时候，爱珍觉得生活虽苦却充满希望，每每下班后看到胖嘟嘟的大儿子呀呀细语，一逗一个笑脸时，她就觉得很快乐。可是，这一切都不复存在了。

但爱珍并没有放弃，在她坚持不懈的努力教育下，医生断定一生无法开口说话的大儿子，叫出了第一声“妈妈”。爱珍想，既然儿子能够说话，就要送他读书，人残废了思想可不能残废。为了大儿子能够入学，爱珍在周边学校跑了无数次，可别人一看到她儿子的模样，都拒收。最后，无路可走的她进了县教育局局长办公室，听了她的经历，教育局长落泪了，亲自将她大儿子特招进小学。

后来，小儿子也出生了。随着两个孩子一天天长大，忙和累永远围绕着爱珍。大儿子人虽然瘫了，但成绩却一点没落下，这颇让爱珍欣慰。当大儿子小学毕业时，小儿子也到了上学的年龄，可多年求医问药，家里早已没有一点积蓄，那时候两口子工资都不高，只够勉强度日，爱珍想了两天两夜，下了狠心，让小儿读书，大儿弃学。

渐渐地，大儿子的病情稳定了，小儿子的学业也进步了，日子慢慢好起来了，可谁料丈夫又因大脑出血中风偏瘫了，经过抢救，丈夫终于醒过来了，

把丈夫接回家后，爱珍就把时间分成了两半，一半给大儿子，一半给老伴。如今，她感到最大的压力是经济上，老伴一个月的药费和小儿子大学每月生活费，就花去了她与老伴的退休工资。

尽管生活如此艰难，她心中仍非常乐观，她说，等小儿子大学毕业了，负担就轻了。这些年来，爱珍的坚强与乐观支撑着她，也感染着身边的每一位人，从来没有同事听到过她一声抱怨……

爱珍的遭遇，足以让每一个女人动容，感动于她的母爱、宽容、坚强、永不放弃；震撼于她能在苦难中保持健康、乐观的心态。苦难可以夺去一个女人的青春、拖垮一个女人的身体，却不能损耗她的生活热情，终结她对未来的憧憬，抹杀她对明天的期待。或许女人的人生要经历一些波折才算完美！

女人来到世间，什么遭遇都可能碰到，因而生命是充满挫折的，但只有历经艰辛，才能显出你独一无二的光芒。俗话说：“吃得苦中苦，方为人上人。”可见生命的意义就在于苦难的磨砺。

苦难扩展了女人生命的宽度，也强化了女人对幸福生活的期待；苦难积蓄了女人的精神能量，也培育了女人的浪漫情怀；苦难增加了女人跋涉前行的勇气，也激发了女人奔涌向前、生生不息的毅力！面对生活中的苦难，有的女人总是畏畏缩缩，怨人尤天，不断制造捆缚自己的绳索，让自己的人生步履艰难；有的女人却如同悬崖峭壁上的青松，接受着狂风暴雨的洗礼，涤荡着生命中的挫折，最终成为参天大树，绝境中最闪亮的点！

自我暗示，别让自己活得太累

女人活得太累常常是心累，或因处境不佳，或因交往不顺，或因遭遇不顺，人生本就不可能一帆风顺，没必要为此痛心疾首，郁闷不堪。世上不如意事甚多，你的足迹只是岁月长河中极小的一段，若是活得太累，又怎能捕捉到那难得的景致呢？女人的人生只有一次，既然只能活一次，就应该“活”得有

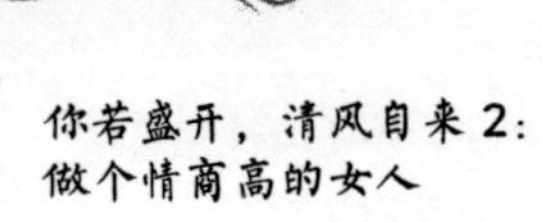

质量，而不是活得太累，自己折磨自己。

女人要学会洒脱、大度、宽容地生活，不要把所有问题都自己扛，要懂得怜惜自己，别让自己活得太累了。女人们不要像林黛玉般，把每一件失意之事和每一缕愁思都在心中淤积，滚成雪球，既然事情已成定局，无可变更，那就不要沉溺于懊恼悲哀之中不能自拔！相反，试着走过去，那边就是天，只要心中的信念仍在，前面就会有好日子。

张美萍常觉得自己活得很累，没有办法快乐地生活，她觉得自己是个没有主见的人，而且幽默感很差，因此她不愿意笑，也很少笑。张美萍小时候父母就离婚了，她和爸爸生活在一起，爸爸后来再婚了，她父母离婚的原因是她爸爸背叛了她妈妈。

张美萍从小到大都没有和她爸爸发过脾气，别的女生都会有青春叛逆期，她没有，其实不是她没有脾气，而是当面对她爸和后妈时，她压抑了自己。张美萍爸爸很有钱，所以她从小到大物质上的东西没有缺少过，但是她觉得很孤单。只要和爸爸在一起她就觉得累，爸爸的家族里有很多人，每个人都爱管着张美萍，她爸爸更是如此，任何事情都会干预。

张美萍如今已经24岁了，但她总觉得自己的心理年龄好像还未成年，一遇到事情，就老想坏的方面，而且总是不能坚持自己的观点，老顾及爸爸和家里人的看法，这让她觉得累极了，她现在把所有的希望都寄托在婚姻上，希望能找个简简单单的人，不要再这么累地活下去了。

女人一定要珍爱自己，学会独立，让自己的每一天都过得快乐、活得精彩，千万别把各种有形无形的枷锁套在自己头上，让自己疲惫不堪。张美萍就是放不开自己，总觉得身边充满了束缚，才觉得自己活得很累。

你要明白造物主是多么宠爱女人啊，才能将美丽、善良、温柔、多情这些品性毫无保留地赐予女人，所以女人一定要活得舒心，活得快乐，活得潇洒。

欣彦的丈夫脾气特别暴躁易怒，常常莫名其妙冲家里人发火，对父母对她都是这样，一件别人看来根本不必发火的事，到他这里马上就可以升级到吼

叫的程度，她和她的父母为这个事都很痛苦。欣彦觉得自己面对这样的丈夫，随时随地都会碰一鼻子灰，长期如此，她越来越苦闷，越来越小心翼翼，但还是避免不了他发火，这让她觉得和丈夫在一起生活得很累。本来欣彦是个性格开朗的人，但和丈夫在一起后，感觉特别压抑，又觉得自己没有地方发泄情绪，所以常常有和丈夫离婚的念头。后来，欣彦怀孕了，本来她以为有了孩子，丈夫可能会改变，但没想到却让她更加失望，丈夫对怀孕的她一点也不关心，她一再跟丈夫要求希望他能克制情绪，给她和肚子里的宝宝创造一个和谐温馨的环境，并和她一起做胎教，但丈夫根本做不到，胎教完全不配合，仍然动不动就和家人吵，孩子出生后也还是改变不了这个状况，因为怀孕及孩子出生后丈夫的表现，欣彦对他十分失望，感觉对他一点感情都没了，现在完全是为了孩子生活在这个一点儿也不快乐的家里，但自己又不甘心这样活下去，心里便觉得更累了。

如今，欣彦把大量的精力和热情投入到如何教育和护理孩子身上了，而丈夫一天也花不到5分钟时间来看看孩子，更不要提教育和培养孩子了，所以她感觉跟丈夫维持这样的婚姻没多大意义，但又想给孩子一个完整的家，可现在貌似完整的家，其实也只有欣彦一个人在承担着父母的全部角色。他们现在和丈夫的父母住在一起，所以欣彦一边要面对丈夫，一面还要去适应他的父母，活得非常累。

公公婆婆虽然拿丈夫没办法，但特别喜欢干预他们的生活，欣彦本来希望和丈夫父母分开住，使丈夫有机会独立些，有所成长，但他父母离不开儿子，所以不得不和他们住在一起。因为欣彦从小接受的教育就是凡事要忍耐，而且欣彦尊重公婆是长辈，所以从吃到住到思想上都放弃自己的喜好去适应他们，从不提自己的要求，欣彦跟公婆从来没有因为任何事红过脸，所以公婆以为欣彦很随和、很好相处，但只有她自己知道她过得有多累、多压抑，她现在甚至因为这些事情烦得失眠，不知道是应该为了孩子而继续下去，还是为了自己而离婚?

欣彦有权利享受生活的美好和乐趣，因为女人的代名词不是牺牲，女人生活的全部也不是付出，她应该经常给自己的心情按按摩，让自己别为了顾及孩子而活得太累。

人生毕竟不是演戏，不要用太多的脂粉去涂抹自己，逢场作戏，生活中就应该想笑就笑，想唱就唱，想哭就哭，想玩就玩，活得朴素自然，活得坦坦荡荡，活得轻松自在！女人别活得太累，方能坐看云起云落、花开花谢，收获一份轻松的好心情！

憧憬未来，别被往事牵绊脚步

人生在世，不同的阶段会有不同的使命，过去的快乐和痛苦，请郑重地放下，不再纠缠，不再因它而伤感，而是珍惜地将它留在过去，留在记忆中，慢慢沉淀，而后，放下一切，再次快乐前行。

每一件往事都是成长的影子，在女人的记忆中留下了深深浅浅的履迹：悠悠往事如铭记于心的照片，凌乱而充满记忆，总是在心灵深处盘旋，让你在毫不经意间忆起，又百无聊赖地想忘记；悠悠往事如默默生长的兰草，总对你含情脉脉地吐露芬芳，而在你留意之时，却不经意间枯萎了；悠悠往事如转瞬即逝的烟花，曾经绚烂非凡，却不可能停留……

女人的记忆中盛放不了太多凌乱、不堪回首的往事，我们无须用过去的伤痛无止境地折磨自己，人生中重要的是未来，而不是纠缠于往事，裹足不前！

以前，紫韵每到深夜都会放一张CD——林忆莲的《Sandy》，碟中有《至少还有你》《伤痕》《此情可待成追忆》等脍炙人口的经典歌曲，那橘红色的表面像曾经温暖的爱情颜色，现在带给她的却是难以言说的伤痛。她曾试着不再纠缠于那段往事中，有一阵，她固执地以为不再听这张CD，就能回到那段往事之前，后来她才发现，她还是做不到。

CD是紫韵前男友去韩国前送给她的。那时紫韵生日，男友把那张碟子

夹在一大堆写满誓言的贺卡与鲜花之间，从身后含情脉脉地递到她的面前。然后抱着紫韵，说："是你喜欢的林忆莲。"男友在紫韵耳边说着缠绵的言辞。那是她经历的第一次爱情。等待男友回国的日子里，紫韵满怀期待地听着《Sandy》，幻想着幸福的爱情和未来。

两年后，男友回国了，将一张粉红色的结婚请柬递到紫韵手上。紫韵呆呆地站在那里蓦然不知所措，最终，紫韵没能参加他的婚礼，他们的爱情终成隔世的回忆。在那个伤心的晚上，紫韵听着《Sandy》，才突然发现：再繁华、美丽的爱情也禁不住时间的洗涤。男友完婚后，回韩国定居，后来曾回国一次，宴请了除紫韵之外的所有朋友。当闺房密友把这个消息告诉紫韵时，她真的就像死过一次一样，朋友对她说："不见你，可能是不想让你伤心吧，你还是忘了他吧，这样无谓的纠缠、回忆没用的。"

于是紫韵发誓忘了他，让悲伤止步，于是，她离开了曾经充满甜蜜的城市，想从往昔的气息里彻底走出来，心情似乎也好了很多，渐渐地，在新的城市，她邂逅了现在的丈夫，丈夫和她一样也爱听林忆莲的歌。当她再次听到《至少还有你》时，回忆如潮水般涌来，却带着让她安心的平静。这时，她才知道，她真的不再纠缠于过去了，能放下一切，开始她的新生活了！

女人生命过程中的每一段，走过了都无法再重来，除了偶尔的嗟叹、回忆之外，就不要过多地纠缠了，而应好好想想如何经营余下的人生，让自己短短数十年的人生更加精彩。紫韵就是这样才从悲哀中解脱出来，看到了放晴的天空。

每一个女人都是独一无二的，每一天也是独一无二的，在通往未来的旅程中，我们不必再为往事痛心，让它成为自己心中的枷锁，为自己徒增烦恼。女人活着，就要学会放下，放下毫无结果的爱情，放下已成明日黄花的往事，放下曾经深爱过却无法厮守的人。

彩玉是在一个工作环境很差的地方认识的张昂，刚开始彩玉没有在意张昂，后来才慢慢对他有了好感。张昂知道彩玉爱戴手表，就在回老家之前送了一块手表给彩玉，虽然彩玉没有对他说什么，但她很爱惜张昂送给她的东西，

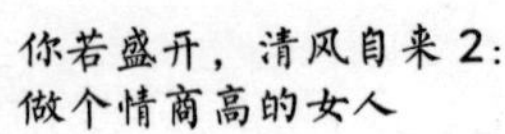

后来，彩玉不小心把手表弄丢了，当时她很难过。

在张昂回老家后，他们之间的联系也是断断续续的，有误会，也有快乐，彩玉为他思念过、哭过而且梦到他跑回来找自己，还问自己："我们能在一起吗？" 彩玉一直没对张昂承诺过什么，因为她觉得他们好像不是一路人，也因此没有与张昂正式交往，答应去看张昂也没有去，就这样过了一年。彩玉过生日时，张昂打电话对彩玉说："这是我第一次送歌给你，也是最后一次。"当时听了一半已经是泪流满面的彩玉关掉了手机，一整天脸色都很差，这其实是她早有心理准备的结果，但她还是忘不了张昂。

终于，张昂结婚了，得知此消息的彩玉痛不欲生，彩玉常想如果不是他们家庭有别、城市不同，也许会到一起，过得很幸福，而不是像现在这样，常常想念他。

无论彩玉如何回忆过往，如何感叹如果当时和他在一起就好了，也终究只是枉然。往事早已成梦，就这样吧，让那些刻骨铭心的往事慢慢地变成落叶，随风凌乱地散去。

当一切已成过去，我们不妨轻轻地拥抱一下回忆里的温暖，感受一下记忆里的温度，然后干干净净地离开，不再纠缠于那一张张陈旧的照片、一页页泛黄日记……与其幻想着之前的华丽时光，凄凄然虚度年华；不如不再纠缠过去，收拾心情，活在当下，让笑容重新回到脸上！

释放自己，快乐地过好每一天

虽然不是每个女人都有着漂亮的容貌，但是每个女人每天都可以有一颗快乐的心和一张充满笑意的脸。花，是女人的形容词，的确，世上任何花都比不上女人的笑颜。

如果把所有的不快乐都写在脸上，那再美丽的女人都会变得不再动人。明智的女人应该知道要为自己而活，才能活得轻松、随意、自我，活出每天的

好心情。每天都快乐的女人，或许不是最美丽的女人，也不是最出色的女人，但一定是活得最自在、最有灵性的女人。

王丽萍，就是这样一个每天都快乐的女人。王丽萍成功地完成了从普通营业员到商场总经理的蜕变，多年商界摸爬滚打、商海风云历练出她的自信和坚韧，培养了她细致入微的洞察力，铸就了她出众的口才和不同寻常的社交能力，唯一不曾改变的是她的快乐。

王丽萍快乐地享受着她的每一步成长、每一种角色。事业有成的王丽萍，有一个幸福的家庭。夫妻工作各有自己的天地，且都有令人羡慕的成就，她和上高中的女儿的关系就像朋友一样。问她有什么高招把工作和家庭关系处理得那么好，她笑着说："很简单，就是合理转换自己的角色，让每个人都得到快乐。在单位是领导，在家就是妻子和母亲。我们尊重彼此独立的人格，一定要互相关心，互相照顾，让大家每天都开开心心的。"王丽萍办公室里的沙发上摆着两个明黄色和粉红色小猪，沙发靠背上放着芭比娃娃，书架上摆放着一个足球。这些不但给充满浓重商业味道的办公室增添了几分柔和轻松的味道，也让我们看到这个商场上叱咤风云的女老总内心依然保持着童真和快乐。王丽萍说："我喜欢运动。什么NBA篮球赛啊、中超啊，都看。"王丽萍还说："除非参加正式会议时我会化妆穿正装，平时都是穿休闲服，比较舒服，也适合去做运动。这主要是为了减肥。看我这段时间瘦了吧，看着身体好了，身材好了，心情也就好了，工作也就更投入了。"

如今，这位经历了商海变迁的女经理人，对企业的把握更加心中有数。在提及她今年的感受时，她微笑地说："除了觉得身上的压力大了一点，其他的没什么，只要你天天都快快乐乐的，我想每一天都会过得很好。"

王丽萍尝试着用这样一种态度认真地对待生活、孝敬父母、相夫教子、创业奋斗，从而不仅有一个温馨幸福美满的家庭，还有了令人艳羡的职业，最重要的是她生活的每一天都是充满阳光的，都是开心快乐的！天天快乐的女人自信而乐观，像个漂亮的天使，能给别人带来愉悦，成为他人眼中最灿烂的一缕阳光。她们清楚地知道快乐是最好的化妆品、最靓的服饰品、最棒的保养品。

其实快乐不只是一种感觉，还是一种女人对人生的态度。同样快乐的女人还有著名演员方青卓。方青卓的快乐是出了名的，娱乐圈里的朋友都说，一个再满腹心事的人，只要跟方青卓在一起聊几分钟，也会笑起来。

方青卓的为人就像她爱穿的休闲装一样，在她身上看不到明星的架子。跟方青卓聊天绝对是一种享受，就像跟邻居家大姐聊天一样，没有距离感。方青卓在荧屏上塑造的多半是开心大姐的形象，其实在生活中的她就是一个充满欢乐和热情的人，而且她总是让人有种亲切感。

“不管是在荧屏上还是在生活中，你总是那么快乐，难道没遇到过不开心的事吗？”面对这样的质疑，方青卓说：“没有人总快乐，其实在面对大众时，我能说我烦死了吗？我能把我的悲伤告诉观众吗？不能，我的秘诀就是调整我自己。例如，别人对我发火，我就把他当成病人。而且，快乐的女人是最美丽的。”此外，她还喜欢写作，说起这她笑着说：“写作是我生活当中一个释放的渠道，而且谁让上天给我一个爱说话的丈夫呢，所以我说不过他，只有写东西了。而从写作中我发现了更多的快乐。”

方青卓也常将她的快乐秘籍告诉朋友们，“20年前，我的母亲给我起名方青卓就是让我记住卓娅，我觉得我们现在需要坚强，坚强不只表现在别人的皮鞭下，今天的坚强就是两个字：承受。你要承受生活上的坎坷，再把这些东西化成无所谓，那么你就变得快乐了。”

快乐的方青卓就像一缕春风，能给别人带来轻松和愉悦。她身上凝聚着一种无形的快乐光芒，吸引着你走向她。快乐的女人总善于在生活中寻找乐趣，日子就算再平凡，她们也能活得有滋有味。

女人学会承受、宽容、爱，学会自由而随意地支配自己的精神和灵魂，也就拥有了快乐。快乐生活是女人一生最大的财富，有了快乐的心也就有了年轻的容颜，也就有了一个没有约束没有失落的空间。快乐生活是女人一种可爱的心境，或许你什么都没有，但拥有快乐，那么你就是这个世界上最富有的女人。

每天都做个快乐的女人吧，自己快乐的同时，也会为别人带来快乐！每天都快乐的女人如涓涓溪流，欢快而清澈；每天都快乐的女人如一轮明月，皎洁而清爽；每天都快乐的女人如一首诗，清新而淡雅；每天都快乐的女人如一幅画，典雅而别致……

积极乐观，别畏惧眼前的困难

女人的人生就是一场又一场的比赛，没有永远的赢家，也没有永远的输家，只要不肯认输、乐观向上、不断努力，终能领略到成功的壮丽美景。诚如“乐观始于足下，悲观止于一里”所说，当我们遭遇困难、挫折、失败时，千万不要妄自菲薄，试着甩开消极的念头，往好处想，这样才能使你对生命充满希望，获取面对未知的勇气，支撑自己继续前行。如此，我们才能不断淬砺出生命独特的色泽。

生命中的困难需要战胜而不是逃避，凡事往好处想，才不会受负面的情绪影响，日子才过得随遇而安，怡然自在！

凡事都向好处想，是女人的一种积极进取的人生态度。在如今瞬息万变的社会形势下，每个女人都面临更多的挑战、更多的机遇。遇事往好处想，才能迎接挑战、放大机遇，以饱满的热情把握机遇，增加成功的概率。

生命就是这样充满了不可思议。如果你想美好的事情，美好的心态就跟着来；如果你想邪恶的事情，邪恶的心态就会跟着来。你每天想什么，你就是什么样；你凡事怎么想，就会有什么结果。一旦你对意识下了命令，你的潜意识就不会和你争辩，它只会完全接受这个命令！

诚然，生命中的每一个际遇、每一件事情不可能完全按照我们所设计的轨迹前进，朝着我们所预定的方向发展，但若你遇到问题只想到其中的瑕疵、缺点，那么就只能陷入消极、烦闷的情绪中了。凡事乐观点，往好处想，才能以快乐的心态积极寻找未来。

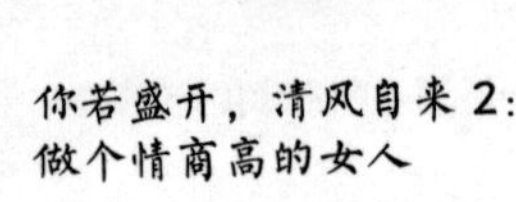

女人乐观积极的心态产生的暗示作用是巨大的，不但能影响自己的心理与行为，还能影响到生理机能的运转。遇事应往好处想，困难是客观存在，我们无法去改变，但我们可以改变自己，调整自己的心态。

凡事往好处想、乐观处世的女人大多能自信地开拓未来，即使逆境当头，也能秉着百折不挠的精神面对一次又一次的失败，将失败视为他日成功的基石，不为逆境所苦，持之以恒地付出，满怀信心地期待“山重水复疑无路，柳暗花明又一村”的人生美景！

第3章　形象情商，外貌姣好气质得体

女人要学会装扮自己

研究表明，皮肤的色泽度、润泽度、紧致度都与人的内分泌有关，而情绪发挥着调节内分泌的关键作用。所以，毫不奇怪，为什么一个情商高的快乐女人肌肤看起来总是那么光彩，并不是上帝偷偷塞给了她神秘法宝，而是她拥抱了笑容这种青春灵药。

皮肤松弛干燥、暗疮丛生、失去光泽、肤色暗淡都是负面情绪和压力给肌肤带来的糟糕后果。而微笑便是美丽的灵丹妙药。当你微笑时，脑内就会分泌一种快乐多酚(endorphin)，肌肤也具备相类似的机制，当肌肤感到你在微笑的时候，自身对于抵抗发炎、增生角质细胞、促进胶原蛋白细胞生成方面的能力都大大增强，对缓解人的痛苦、增强免疫能力都有帮助。

皮肤是身体健康状况的一面镜子，皮肤黯淡、多斑、青春痘很多时候不仅仅是外在问题，而是由内因引起的。皮肤紧绷可能也感觉口干舌燥，长青春痘可能也有便秘症状，这说明你很可能正受到压力过大、新陈代谢失衡的困扰。注意好自己的饮食，能帮助你拥有好皮肤。从身体内部进行自我调节是中医推荐的，也是解决皮肤问题长期、有效的方法。勤喝水是保持皮肤最佳状态的一个最简单实用的方法。因为水具有促进体内废物排除的作用，即使在寒冷的冬天，我们也应该坚持每天饮用八到九杯水，清洁你的身体和皮肤，特别经常在空调环境下工作的女人们。“多喝水，对女人的皮肤最好”是你得时刻牢记的养生名言。

维生素A、维生素C有保护身体健康的作用，女人每天至少应食用400克水果和蔬菜(不包括土豆)，让你的皮肤更细腻和白净。皮肤干燥、长斑、出现细纹等都是老化的表现，都和缺少维生素E有关。维生素E一般在蔬菜、水果和肉类中含量较多，在坚果中尤以杏仁的含量最高，女人应该多吃，及时补充维生素E是保住青春肌肤的关键。

勤做运动也是拥有完美肌肤的不二法门。记得运动前一定要彻底卸妆，因为化妆品遮盖着毛孔，令汗液和油脂分泌不能畅顺排出，引致毛孔阻塞，粉刺暗疮生长。假如你热爱户外运动，就要为肌肤做好防晒措施。适度的阳光，有助于调节并促进皮肤的功能。但若长期曝晒于紫外线之下，会令肌肤过度干燥及提早老化，还会刺激黑色素的增生及沉淀，令色斑暴现，因此进行美白修护及防晒保护是运动前的指定动作。此外，将头发束起或夹好，尽量不要使用造型产品，以免出汗时造型产品流到脸上，阻塞及弄污毛孔。运动后，切记洗面，将汗、油脂及污垢彻底洗去。

掌握正确的洗脸方法对女人来说同样非常重要。如果你是油性肌肤，请使用冷水洗脸之后用手拍干，这样能阻止油脂分泌旺盛和黑头的产生。美容和深层清洁只需一个月1次，并不是频繁地去美容院做护理才能拥有好皮肤，相反，过多的进行美容和深层清洁会破坏皮肤本身的平衡。仔细卸妆是每个女人清洁时不可缺少的一部分。每天要往脸上涂各种化妆品，如果卸妆不彻底，化妆品残留脸上，会堵塞毛孔，后果之严重可想而知。彻底清洁皮肤，彻底地卸妆，绝对是美容的根本。

睡觉之前是皮肤修复能力最强的时期，因此女人要抓紧这段时间进行皮肤保养。多睡觉可使女人充满青春活力，有助于消除疲劳、促进健康、护养皮肤，展示充满青春活力的美好容颜。因为好皮肤的色泽，取决于表皮细胞内黑

色素的含量、位置以及皮肤血管收缩扩张的程度。这些因素都受控于神经体液内泌系统的调节，而睡眠对此起着主导的作用，也是治疗某些神经机能性疾病的手段，同时还是疗养、康复、养颜、保健的基本途径。

女人在保养皮肤时，一定不要跟风哦。很多女人爱跟风，当听说了某种东西后，便义无反顾地跑去买，买回来没多久，就放在那里落灰了。看着自己的一个个瓶子罐子，心里无限内疚、后悔……心情再一次影响了皮肤的状态。跟风为什么会毁容？跟风的人都会把自己的脸当成了完美的试验田。不断地更换，不断地试用，这里要郑重地告诉30多岁的女人们，那是脸，不是脚后跟，不能让它成为试验田。有的女人用着自己一直用得很好的护肤品，忽然有一天，有人说，你怎么还在用这个啊？那不会有效果的。于是她放弃了这种产品，直接用了别的，但不久就发现，皮肤明显变差，就用回自己以前用的东西，所以，用你自己认为合适的就可以了。

服饰搭配，穿出自己的风格

俗话说："人靠衣装，佛靠金装。"得体衣着的作用不可小视，如何才能穿着得体，体现出自己的专业素养和真心诚意呢？这就需要你从各方面做足功夫，先了解自己的气质和优缺点，跟随潮流趋势。

套装是最能体现女性素养和专业度的穿着。我们最好准备一两，包括长裤、短裙各一套。至于款式，可根据自身喜好酌情选择。在颜色方面，深色套装为首选。无论你选择何种套装，但若是搭配裙子，则裙长一定不能短，落座后，裙长绝对不可以短于大腿的一半，以防"走光"，给他人轻佻的印象。及膝裙是不错的选择，即使出外约会聚餐也很适宜。

当然，若是有件得体的衬衫自然加分不少，衬衫绝对是穿套装的好搭配，可用衬衫颜色深浅、衣领差异来反衬出套装的不同特色，让你看上去整体感觉更好。最好不要选用大红、大橙或粉红、粉紫等颜色为主的套装，可考虑灰色和蓝色：灰色除了能与白色搭配外，粉紫也是很好的选择；而蓝色的衣着，给人自信的感觉，可以搭配白或杏色。此外衣服一定要合身，太宽显得随便，太窄显得寒酸。如果是夏天，一定要注意丝袜不要刮破，建议随身多带一双，以免意外尴尬事情发生。鞋子的款式和颜色也要考虑到整体搭配中，如穿高跟鞋，鞋跟3～5厘米为宜，不要穿平底鞋或细高跟女鞋，颜色以淡雅或同色系为主。

除了讲究衣着之外，讨喜的配饰也必不可少，可佩戴小巧的耳环、简单的项链和款式精致的手链，与服装搭配的包包必不可少，款式及颜色亦大众化、典雅一些。

精致淡妆，为你的形象加分

如果你想要让化了妆的自己看起来神采飞扬，精神许多，那么你一定要知道一些化淡妆的方法。

皮肤暗黄的女人，一定要防晒。在阴天、雨天或者坐在办公室里，也一样要擦防晒霜，因为紫外线A波段波长非常长，可以穿透玻璃、墙壁直接照射到皮肤的真皮层，使真皮层老化断裂。在饮食上多吃富含维生素C的食物，如橙子、猕猴桃、西红柿、草莓。

计算机或生活中的种种刺激，容易让女性的肌肤颧骨与眼睛周围处生长斑点。女人常以为粉底能帮助遮盖细纹和斑点，但事实上，一般的粉底质地非常干，保湿效果又差，长期使用对原本干燥的肌肤反而是种伤害。建议颧骨附近的斑点，你可以借由腮红来遮掩。眼袋部位也是女人要注意修饰的重点，用粉底更容易加深细纹，所以建议选用质地更薄、保湿效果佳的粉霜来当粉底，并选择遮瑕产品来修饰。眼影方面，请避免画深色眼影，采用自然色调与高明度的浅色调为宜。

此外，别忘记在上唇妆前先用凡士林(护唇膏)涂抹双唇来做滋润，等脸上

的妆完成后再开始画唇。先用唇笔描画唇缘可避免唇膏晕散，唇形以自然为主，别采用大红色和桃红色，应选择较高雅的酒红或咖啡红色系；另外可以选用嫩亮的光泽唇蜜让双唇更显立体、更迷人。

正所谓眼睛是心灵的窗户，所以眼线是整个脸部妆容中的重中之重，能让双眸更有神采。但在日常生活中，建议大家用眼线液笔描绘即可，眼线液笔效果介于眼线膏和眼线笔之间，但上妆更容易，持久性也很好，不容易脱妆，可谓日常淡妆必备法宝。让我们每天精心化个淡妆，既清新又精神，心情自然更加靓丽！

气质儒雅，学会得体的礼仪

我们的穿着打扮、言行举止就会给他人留下深刻的第一印象，将直接决定他人对我们的感觉。那么女人要注意哪些礼仪呢？

准时到达

准时是必要条件，能稍微提前抵达则效果最佳，以稍作休息，平复一下心情，整理一下着装。当然，如果过早抵达也不合适，会让人觉得你没有时间把握和规划能力，这时，你不妨到附近的休息处休息一下，等时间差不多再前往预约地点。

进门礼仪

走进办公室之前，轻叩房门二三下为标准礼仪，待得到他人的允许后方可进入，当然，如有工作人员指引则可省略此礼仪。

进门后关门尽量要轻，不要用后手随手将门关上，应转过身去正对着门，用手轻轻将门合上。回过身来将上半身前倾30度左右，向对方鞠躬行礼，同时，可以很自然地扫视一下整个房间，确定办公室的基本布局，尤其是自己的座位，然后面带微笑，称呼一声“您好”，这能体现出你的修养、稳重、信心。

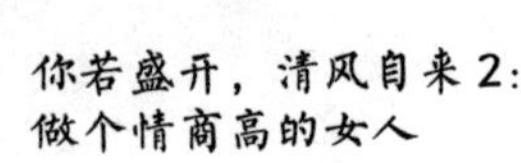

入座的礼仪

坐姿是非常关键的。我们应该稳稳当当地坐在座位上，找准椅子的侧重点，手随便自在地放在大腿上，你就会给人一种镇静自若、胸有成竹的感觉。

在入座前用手背扶裙，坐下后将裙角收拢，两腿并拢，双脚同时向左或向右放，两手叠放于腿上。切不可双手相握，或者不断揉搓手指，否则会给人没自信、怯场的感觉，而令你的形象大打折扣。

随时保持微笑

微笑是人类表情中最能给予人好感、便于沟通的表现，也是给人留下好印象的必杀技。会心而善良真诚的笑意，会使你的脸庞更加美好，显得更亲切。微笑会使人对你友善。

我们要随时保持微笑，微笑着进入、微笑着打招呼、微笑着回答问题、微笑着提问、微笑着离开……随时保持的微笑能给人以热情、礼貌的好印象，但要注意微笑要自然，僵硬而刻板的微笑只会显出你的拘谨和胆怯。

注意眼神沟通

眼睛是心灵的窗户，所以我们也不要忘记在交谈过程中把握好和对方的眼神沟通。谈话时，应正视对方的眼睛和眉毛之间的部位，和对方进行目光接触，以示留神。如果你不敢正视对方，而是东张西望，不是看天花板就是看地板，对方会认为你害羞、害怕、不专心、实力不够，如此一来，自然无法顺利交谈。

离开时的走路姿态

离开时，身体重心稍微前倾，挺胸收腹，上身保持正直，双手自然前后摆动，脚步要轻而稳，两眼平视前方。步伐稳健、步履自然、有节奏感，则给对方充满信心和力量的感觉，能为交谈的结束画上圆满的句号。

要注重细节

我们在交谈时应该努力避免挖耳朵、擦眼屎、擦鼻子、打喷嚏、用力清喉咙等这些令人难堪的小动作。虽然这是看似不经易的小动作，但它却会毁掉你的交谈，即使你整个过程表现得非常优秀。

在谈话的过程中，我们可以将双手交叠在膝上，用拇指指甲抚弄着另一只手的掌心，这样你的双手就会被服帖地管制住，不会乱动。虽说喷嚏是生理现象，难以克制，但请你在不小心打喷嚏过后，有礼貌地说声“对不起”，如此，尴尬的气氛就会化解掉。

注意保养，懂得为肌肤保鲜

女人一定要提前抗老，不要现在怕麻烦，老了再怀念青春，然后后悔为什么当时自己没有意识到要保养。

早晨醒来后，大脑并没有马上进入正常的兴奋状态，而是由抑制状态向兴奋状态过渡，如此时突然醒来并强行起床，常会感到头晕、头胀痛、血压不稳。所以早上不要着急起床，伸伸懒腰，让脊柱也有“苏醒”的时间，这可以避免腰痛，保持良好的姿态，让自己能更快乐地享受生活。

吃早饭能有效地促进新陈代谢，保持血管和免疫系统年轻，它最好包括谷类食物、水果、奶制品。建议爱美女性早餐最佳选择：一杯豆浆(酸奶)+两片全麦面包+鸡蛋+胡萝卜(其他水果)。这只是个例子，也不是绝对的，可以根据自身的需要组合添加，但最好要保持每天的早餐里面有：1份豆类(奶类)+1份杂粮五谷类+1份禽蛋类+1份蔬菜水果类。

若你来不及吃早餐，应事先准备好一个粗面粉面包、一点水果，如香蕉和一瓶酸奶带到办公室。饿的时候，就能随手取到一份强力早餐，为工作及时“加油”。面包涂蜂蜜也是不错的早点，不妨用深暗颜色的蜂蜜，而不用浅色的蜂蜜。据美国一项研究发现，深暗色的蜂蜜，如森林蜂蜜对人体细胞特别有效，因为它含有丰富的抗氧化作用的物质，不仅能延缓细胞衰老，而且对血液大有好处，能预防心脏循环系统的疾病。

提前准备好“健康零食”。不妨在办公桌中腾出一个小抽屉，放些经过营养强化的葵瓜子、花生、核桃、枣之类。葵瓜子可以养颜，含有蛋白质、脂

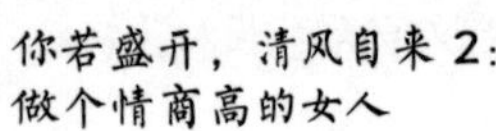

肪、多种维生素和矿物质，其中亚油酸的含量尤为丰富，亚油酸有助于保持皮肤细嫩，防止皮肤干燥和生成色斑；花生能防皮肤病，其富含的维生素B_2不仅能补充日常膳食中维生素B_2之不足，而且有助于防治唇裂、眼睛发红发痒、脂溢性皮炎等多种疾病；核桃中含有丰富的生长素，能使指甲坚固不易开裂，同时核桃中富含植物蛋白，能促进指甲的生长，常吃核桃，有助于指甲的柔韧；枣中维生素C含量十分丰富，可预防坏血病。再备上盒装灭菌牛奶、纯果汁和奶酪，奶酪富含钙，可使牙齿坚固。这些都能帮助你的健康！

多睡子午觉，不失为保持健康的好方法。子午觉指的是子时(23点到凌晨1点)和午时(中午11点到下午1点)这两段时间的睡眠。据《黄帝内经》的睡眠理论，子时阴气最盛，阳气衰弱，此时睡眠效果最好，睡眠质量也最高。午时阳气最盛，阴气衰弱，“阴气尽则寐”，所以午时也应睡觉。不过午休“小憩”半小时即可，否则会影响晚上睡眠。

怀孕、生育，都会让女性营养缺乏，叶酸是B群维生素中的一员，为人体细胞生长和分裂所必需的物质之一，在服用时需要严格遵守医嘱，以免服用过量，反而对身体造成不良影响。富含叶酸的五类食物：绿色蔬菜、新鲜水果、动物食品、豆类、谷物类。日常多食用牛奶、海带和虾皮、豆制品、动物骨头、蔬菜等对女性补充营养非常重要。

维生素C和维生素E是两种最重要的抗氧化剂，每天联合服用超过1200毫克的维生素C和400国际单位维生素E能减少血管壁上的有害堆积物。此外，补钙是提前抗老最重要的一条，女性每日至少要摄取1000毫克钙；若在怀孕、哺乳期，则加至1500 毫克。一些复合维生素和钙质补充剂，因维生素本身可以和钙质产生协同作用，相对于单纯补钙来说，服用后益处更大。

若你苦于便秘和肥胖等，纤维素可以帮你免去后顾之忧。常见的含有纤维素的食品发菜、香菇、银耳、木耳、红果干、桑椹干、樱桃、酸枣、黑枣、大枣、小枣、石榴、苹果、鸭梨等。

燕麦亦是通便减肥的最佳食品，建议你每日早餐时分可食用燕麦。此外，一天喝三杯酸奶的女人，会比没喝酸奶的人多消耗60%的脂肪。酸奶里富

含钙离子，它可充当催化剂，使身体更快地燃烧脂肪。酸奶搭配豆腐、蔬菜、谷类食品食用，会更好地发挥效果。

在瘦身过程中关键不是摄入纤维素的量，而是何种纤维素可在消化过程中起到最好的催化脂肪消耗作用。科学家通过对实验对象胰岛素指标的观测，来研究纤维素在减肥过程中所起的作用，结果是：经常吃健康、未经加工过的水果蔬菜、全麦面包比那些食用加工过的淀粉食品多消耗80%的热量，未经加工食品中的纤维是直接被人体所吸收，而加工过的纤维却是分解成糖分被人体所吸收。随着体内糖分的增加，胰岛素吸附脂肪的能力也会增加，从而使体内的脂肪堆积。

此外，每天4份水果、5份蔬菜，每星期吃两次鱼。做回杂食动物吧，继续巩固你20多岁时打下的免疫基础。饭后抽时间做有氧运动，不要久坐，多增加点心肺血管活力：每天步行一小时或在短时间内做大运动量的锻炼，每周至少消耗3500卡的热量，还可以练拉力器、瑜珈，这些训练能保持骨密度，防止骨骼老化。

建设优质性生活是一流的年龄缩减剂，它能舒缓压力，放松心情。夫妻间的安全性生活增加到116次将会使你年轻1.6岁。睡“美容觉”对保持脸部皮肤的娇嫩很有效，胜过许多大牌护肤品。“美容觉”的时间是晚上10点至次日凌晨两点。研究表明，从午夜至清晨两点，人表皮细胞的新陈代谢最活跃，皮肤细胞进行再生，肌肤进行自我调整。此时若熬夜将影响细胞再生的速度，导致肌肤老化。

这些都是越活越年轻的智慧哦。

保持身材，就是为美丽加分

由于工作节奏紧张，女人往往不由自主地塌腰，从而增加腰椎的负担，阻碍血液循环，进而影响到胸肌的发育。所以女性要经常直直腰，累了靠墙站

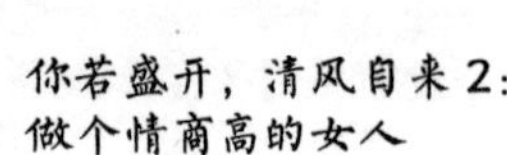

立几分钟，会让你胸部舒畅。女性伏案时，忽略了乳房的保健，很多人会出现乳房闷胀刺痛、胸背肌组织酸涩及其他难以名状的腋下不适等症状，这些症状日趋增多，对女性乳房的健康危害甚大，因此必须及时预防。

乳房是女人最脆弱的部位，较容易受到疾病的侵犯。就连不良的姿势都不利于胸部健康。例如，驼背会压迫胸部组织，时间长了，就会影响到胸部的健康。所以，应该保持昂首挺胸的姿势。很多女性经常将双手环抱于胸前，这种姿势会加重胸部负担。应该放松地将自然垂放于腿两侧，常伸伸懒腰，有助于改善胸形。

选择合适的乳罩是保护双乳的必要措施，切不可掉以轻心。要选择型号适中的乳罩，佩戴乳罩不可有压抑感，即乳罩不可太小；乳罩的肩带不宜太松或太紧；乳罩凸出部分间距适中。另外乳罩的制作材料最好是纯棉。

乳房内部组织大部分是脂肪，乳房内脂肪的含量增加了，乳房才能得到正常发育。饮食可控制身体脂肪的增减，营养丰富并含有足量动物脂肪和蛋白质的食品，可使身体各部分储存的脂肪丰满。

适当做些丰乳操，轻度按摩可使乳房丰满。做丰乳操是实施乳房锻炼的措施之一，这对于乳房组织已基本健全的女性是十分重要的。实际上锻炼的本身并不能使乳房增大，因为乳房内并无肌肉。锻炼的目的是使乳房下胸肌增长，胸肌的增大会使乳房突出，看起来乳房就大了。此外不要让乳房受外力挤压，否则容易使乳房内部软组织受到挫伤，或引起内部增生等，也较易改变外部形状，使上耸的双乳下塌下垂等。

女性的睡姿以仰卧为佳，尽量不要长期向一个方向侧卧，否则容易引起双侧乳房发育不平衡。夫妻同房时，应尽量避免男方用力挤压乳房。

乳房的清洁十分重要，乳房周围微血管密布，受过热或过冷的浴水刺激都是极为不利的，不可在过热或过冷的浴水中长期浸泡，否则会使乳房软组织松弛。乳房很脆弱，我们要时时注意，保护好自己最美丽的地带哦！

美丽离不开健康的饮食

每天早晨一杯新鲜的牛奶，几片全麦面包(或其他面点)和一片火腿。这份早餐只需要几分钟就能解决，却会使人感觉精神抖擞。如果不吃早饭，整个上午都会感到能量不足，工作效率难以提高，所以每天必须吃好早餐。

三餐的饮食分配比例上，一般以早餐摄入量占全天摄入食物总量的30%，午餐40%，晚餐30 %为宜。值得注意的是早、晚两餐，早饭最好要保证有一定量的牛奶、豆浆或鸡蛋等优质蛋白质的摄入。蛋白质的摄入既能满足脑细胞在蛋白质代谢上的需要，也能增强大脑皮层的兴奋和抑制作用。由于晚饭后至次日清晨的大部时间是在床上度过的，机体的热能消耗并不大，所以晚餐应少吃那些富含热量的食品，如米饭、面食及油脂性食物。

在吃饭时，多吃些豆腐、清蒸菜、蘑菇、木耳、蔬菜等，远离脂肪含量过高的食品。还要养成按时就餐和不偏食的良好习惯。两餐之间的间隔一般以4~5小时为宜。如果两餐间隔时间太长，容易感到饥饿，以致影响耐久力和工作效率；相反，两餐间隔时间太短，消化器官得不到适当休息，不容易恢复功能，又会影响食欲和消化。千万不能因为工作忙或一味追求体形美而不吃饭或拖延就餐时间。

对于蔬菜，水果不但不应少吃，相反倒应多吃一些，这样可以保证机体有充分的维生素和无机盐的摄入，对保持女人的体形优美、头脑清醒、思考敏捷是极为有利的。

下面有一些健康饮食，推荐女人们尝试一番。芝麻枸杞茶的做法是沙苑子10克，菟丝子10克，黑芝麻12克，枸杞子20克，首乌15克，泽兰10克，食盐10克。制法：将原料浸泡10分钟，滤去渣，代茶饮用。功效为明目，主治视力减退。菠菜护眼汤的做法是猪肝60克，菠菜130克，食盐、香油各少许。制法：清高汤1公升，煎煮约20分钟，滤渣留汤。功效为补肝养血，明目润燥，常食可改善视力，可治小儿夜盲症、贫血症。枸杞菊花决明子粥的做法是决明

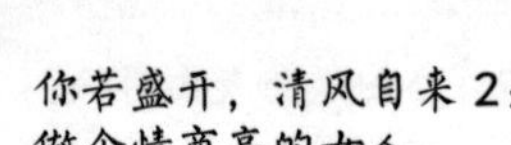

子10 ~ 15克，菊花10克，枸杞子10克，粳米50 ~ 100克，冰糖适量。制法：上述原料煮粥，每日1次。该粥也可在服用时加些蜂蜜，能增加其润肠作用，枸杞子有明目效果。当归川芎明目鸡汤的做法是熟地5克，当归6克，川芎5克，天冬5克，枸杞子5克，白芍5克，菊花5克，牛膝5克，甘草3克，鸡汤3碗。制法：上药洗净后用纱布包好，放鸡汤与以上药材共炖1小时。功效为滋补肝肾、养血明目，适于肝肾阴亏、精血不足所致的视力减退者服食。

吃好喝好，三十多岁的女人才能生活得更健康快乐！

第 4 章　快乐情商，管理情绪享受美妙生活

自信的女人更有女人味儿

人生，好比没有硝烟的战场，充满了竞争、残酷。在以成败论英雄的征途中，谁能从始至终地鼓励你、支持你、信任你呢？人生的路只能自己走也只有自信才能让你更好地迎接各种挑战，充实自己的生命！

自信会给我们真正的力量，让我们不甘平凡，勇于超越自我，迎接更美好的未来。自信心是你必须养成的一种习惯，也是应该长期坚持的一种情商。自信会让你更深刻地认识自己所扮演的角色，更明晰地了解自己所具有的优劣势，更充分地发掘自己所需要的潜力。这样，你才能有所成长，成就不一样的自己。

在我们所处的这个越来越强调人际关系和相互合作的现代社会里，仅仅凭一己之力去开辟一个个人空间，或是埋头苦干，做好本职工作，就想收获成功，似乎越来越行不通了。走向成功的可能条件之一便是：自信而勇敢地说出或实施自己的想法和主张，挺身而出维护自身的尊严和权利，并尽力去影响他人，散发自信的光彩，增强自身的凝聚力。只有自己昂首挺胸，信心十足，才能在刀光剑影的人生中出人头地，闯出一片天。

在整体经济环境不景气的情况下，一家小型企业经营得困难重重，背负着巨额债务，已经到了破产的边缘。许多债权人威胁着要打官司，甚至有的已经将其告上法庭。这家企业的老板以为一切都完了，因此，整日意志消沉，萎靡不振。她害怕上班，甚至害怕公司里的电话铃声，她只想躲起来，远离这一切……

一天，这位老板在报纸上看到了一则企业家购买破产企业重整旗鼓获得成功的故事。看完故事，她深受启发。“他能做到的，我为什么不能做到呢？”于是，她又重拾信心，对成功的渴望又被重新唤醒了。她开始重新思考拯救企业的一切可能的方法。隔天，她早早去了公司，召集全体部门负责人商讨对策。她要来了所有债权人的电话，开始给他们打电话：“请你再宽延一些时间，我们正在想办法，我们决不会不讲信誉……”她试图用真诚的态度去打动对方。“你有新的资金？”“你有了一大笔订单？”对方反问道。“没有，但是我有了更加重要的东西：那就是自信。这是我重新振作的勇气。”她真诚的恳求终于使债权人们纷纷改变了态度，甚至有人开始着手帮她。最终，她顺利还清了一切债务，并用自信心赢得了大笔订单，企业再次生龙活虎起来！

自信心能使一个女人潇洒自如地直面人生中的任何坎坷，并能以艰苦卓绝的奋斗改变自己的命运，出色地描绘自己的人生画卷。这位老板的再次雄起，依靠的正是她的乐观自信。

人生中，可能你只是个不起眼的小角色，这时，自信就是你生存的法宝。面对工作，你应该积极主动地向前迈进，并对所有人大声说出“我行”“我可以”！尽一切可能去积极争取表现你自己的机会，比如申请主持一个会议、施行一个方案、主动帮上司寻找解决问题的方案、主动为同事做力所能及的事情、真诚地为客户提供服务……哪怕你只能做到其中一点，你的内心都会发生变化，都会促进你自信心增长。随着人们逐渐加深对你的认识，慢慢开始信任你的能力，意识到你存在的价值，你的地位就会发生明显改变，而你的生活也会变得快乐而充实。

自信心如同你能力的催化剂，它能激发你的一切潜能，将你身体的机能

全部调动起来，使各部分的功能发挥到最佳状态。在自信心的驱动下，你敢于对自己提出更高的要求，即使失败了也不会害怕，因为你相信风雨过后是彩虹，你终将成功！

无论在什么情况下，都要对自己充满信心。不管面对怎样的挑战，都要勇敢地对自己说："我是这个世界上独一无二的存在，我是最棒的，我能胜任，我能应付各种挑战，我的潜力是无穷的。"相信自己能够成功，是叱咤人生的绝对条件；相信自己是胜利者，才能笑到最后，成为最快乐的女人。

用包容之心对待人和事

社会不是一个可以随便发泄情绪的地方，因为其本身存在许多不确定性，人浮于世，遇到不顺心的人和事很正常，甚至连烦恼本身也是社会生活中不可避免的存在，既然如此，那女人用何种心态、如何对待一切便显得尤为重要。

常言说：大忍大益，小忍小益，不忍不益。包容是女人的一剂良药，能使自己镇静，受益一生！生活中我们会遇到许多不公平的事、无法接受的人，可我们又无法改变他人，这时与其愤怒地大声指责、声嘶力竭地发泄不满，不如怀着包容之心给对方一个理解、善意的微笑，让对方无地自容，也给他人留下大度、善良的好印象。

包容并不是懦弱，也不是伤自尊，而是宽容美，在适当的时候让一步，不仅可以体现出你的涵养，更能让你成为受欢迎的女人。

碧筠曾是个任性的女人，可在生活赋予的多重角色的磨炼下，她渐渐发现原来明智的女人一定要有包容之心。

一天上午，她刚到单位，老板忽然找碧筠商量一个问题，她听了半天才醒悟过来，原来是一件别人不愿干的事情，老板想让她干。摆在她面前的有三种选择：一是应承下来，认真努力兢兢业业地完成；二是偷奸耍滑，找出一大堆理由给老板搪塞回去；三是直截了当地提出自己的意见，这事情不属于她分内的事。第二种选择碧筠根本不会，而第三种选择她又拿不出这个勇气。结果只能忍耐着，放下手中的其他事情，接手先完成这个棘手的工作。

等碧筠忙完工作，下班回到家，看婆婆已经做饭了，正想着可以吃回现成的了，可仔细一瞧，没有一个她爱吃的菜，她的口味总是与公婆的相差甚远。就在脸色晴转阴刚想说“我来弄吧”的当口，她心思一动，“干吗呢，何必让老人干了活还不愉快，要是罢了工不更惨，不给我带儿子了怎么办。”并安慰自己说：“该忍且忍，就说她做得也挺好，吃多吃少还不由我吗。”收拾完家务，晚上翻开儿子的作业，看着看着，气就不打一处来。不管做得对不对，这字写得太潦草了吧，还态度不端正、敷衍了事，10分钟就赶着把作业做完去看电视了！正想冲出去以武力解决问题，好好教育儿子一番，碧筠忽然看到儿子的书包上贴一画片：可以批评我，但不要打我。碧筠看着好笑又好气，只好安慰自己，忍一下吧，等儿子看完这集动画片，再好好跟他说学习的重要性。

每次碧筠和闺房密友们聚在一起聊天，朋友们都特别羡慕她能把工作、家庭经营得有声有色，都询问她其中的秘密是什么。碧筠感慨说：“两个字——包容。你说，工作吧，还不就是去做事，更何况老板还亲自要求你做事，这不还是信任你吗？再说工作业绩不就是一点点地干出来的吗？咱能干的活就忍着干呗。再说家庭，俗话说‘有缘千里来相会’，茫茫人海，能组织成一个家庭多不容易啊，公婆媳妇本就不好相处，何必因为一些芝麻大点的事弄得不愉快呢，伤了老人的心不说，自己也不痛快，维护好家庭团结也是我们女人的责任。至于和孩子过招，那就更不用说了，没有忍耐简直一事无成。儿童教育专家说了，要用孩子的眼睛看待孩子。换句话说，不要用大人的标准要求孩子。要能沉得住气，耐下心来说服教育，才能十分耕耘一分收获。你们不要觉得包容就会憋屈，真正包容得了，你就走进了海阔天空的境界。”

正如碧筠所说，包容无敌。女人的包容之心不是委曲求全、自我折磨、心存怨恨、放弃追求、颓废逃避，而是为生活感恩、向成功努力、给别人机

会、对情感宽容。

女人能包容，才能体会他人的所思所想，为他人也为自己营造宽松和谐的氛围。女人能包容，才能忍辱负重、韬光养晦，静待时机，奋力前行。女人能包容，才能沉静心思，远离浮躁，明辨是非，权衡利弊，学会处事，使自己的人生少些懊悔，多一些快乐。女人能包容，才能在顺利时不自以为是，而是放慢脚步，扶持身边人，一同前行。记住，有心的地方就会有善良与真情，勇气和信念！

用关怀和爱温暖身边的人

女人要想生活如意，就要以心细为基础，会关心他人，凡事冷静、沉着地处理。生活中有的女人往往会因为心不细、不会关心人而错失一次次成功的机会。而那些心细、会关心人的女人，却在不经意间获得成功，享受到生活的美妙。

老子说：天下难事，必做于易；天下大事，必做于细。此语阐述了心细的重要性，因为心细才能发现需要关心的地方。它告诉女人们：想告别稚气走向成熟，想成大事，想生活如意，就必须心细，会关心他人，让自己充满母性的光辉，给人以温暖。

女人在生活、工作中应多关心他人。心细是一种创造，关怀是一种动力，表现一种修养，深含做人艺术，隐藏致富商机，凝结做事效率，产生经济效益，会给你带来伟大成功和无法比拟的幸福。

周裙是一家火锅店的老板。说起她的创业经历和生活变化，周裙最经常说的就是要心细，会关心顾客。她说："下岗了才走向创业之路，女人创业有多艰难，只有体会过的人才知道。不过，要成功还真的要靠会关心顾客。"

周裙曾经以为，开餐馆请服务员一定要招年轻漂亮的，于是她起初招聘的服务员全是20多岁、漂亮大方的女孩子。但没过多久，周裙就发现不行，这

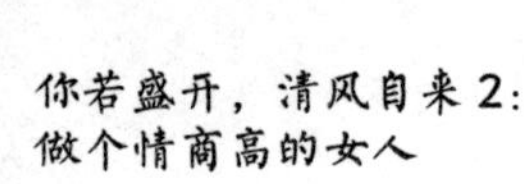

些女孩子做事情都是慢慢的、轻轻的，还怕脏，总让客人等。意识到不妥后，周裙一个月内就换掉了所有的服务员。此后的招聘，周裙定了勤快、踏实、会关心顾客三项标准。“勤快可以决定翻台的速度，踏实可以决定合作的契合度，会关心顾客可以决定服务的态度，减少出错、更能体贴客人。”周裙说，现在店里的大部分服务员跟着自己干了多年。虽然不是美女，但很符合自己的要求，客人也都非常满意。

从开业伊始，周裙就会每天非常心细地收集每桌客人的反馈意见，让味道不只有加盟店的特色，还要符合当地人的口味。每天周裙都会亲自去采购，保证菜品质量，让客人吃得放心。周裙还说，开店以后自己心更细了，不仅仅是关注店里，对丈夫和孩子都更体贴了，知道他们需要什么，知道如何营造幸福的家庭，让家里的每个人都生活得和谐如意。

女人要走向成功，所面对的阻力和肩负的责任更大，所以不能拒绝去做一些别人看来是很琐碎的小事，更不能没有关怀之心。关怀之心，是女人良好性格的精致外衣；关怀之心，是融合和沟通女人与世界的电阻导流；关怀之心，更是促成女人事业成功和家庭幸福的有力翅膀。关怀之心也是周裙能成功的力量源泉。

敏敏是个很会关心他人的女人，她每次上门拜访顾客都会提前半个小时到，然后侧面观察该客户的工作、生活情况，仔细思考该客户更需要什么样的产品，如何措辞才能更令对方开心，增加对自己产品的兴趣。

有一次，敏敏去拜访一个老总，在该公司的洗手间里，她开始和公司的员工聊天，询问一些工作和生活上的问题……突然有个人走进来，那人看到她投入的样子，两人善意地笑笑，相对无语。到了约见的时间，她准时走进老总办公室跟秘书说：“我跟你们董事长有约，下午两点见面，现在是1点59分59秒。”办公室的门打开了，敏敏一走进去，两个人一看，才发现原来是洗手间见过的那位。董事长跟她说：“小姐，你今天来是介绍产品给我的吗？”“是的，我现在跟你介绍……”董事长没等她说下去就说：“不用介绍了，你今天卖的东西我全部买下来。”她很惊奇地说：“您都不知道我在卖什么东西

呢。”董事长笑着说：“不用介绍了，你的细心我刚才都亲眼看到了，我相信你是个会关心他人的人。你这个人言行一致，你卖的产品不用介绍，你今天要卖的东西我全部买下来。”

凡是心细而且会关心他人，也许就是因为你一次善意的招呼、一次关怀的问候、一个迷人的微笑、一个坚守的执着……带来一次意外的成功。

作为女人想在社交中如鱼得水、游刃有余；想在事业上大显神通，开创辉煌；想魅力无限，引人注目；想活得如意，过得逍遥，都要心细且有关怀之心，它是指引你通往成功的探照灯。

关怀之心犹如庞大机器上的一个小零件，其体积也许微乎其微，但作用却举足轻重、不容忽视。女人的关怀之心体现着人格情操和精神境界；标志着做人的品质和层次；诠释着独特的性格特征；富含着深刻的哲理；凸显着真情实意……

有关怀之心的女人精致得像瑞士手表，从每一个闪光的零件可以看出它的经典价值；有关怀之心的女人完美得像古董，吹拂去那岁月沉积下来的灰尘，看到的是自然与风霜、巧夺天工的修饰；有关怀之心的女人考虑问题较一般人仔细冷静，她们善于调控自己和别人的各种情绪，能以不惊之豁达成就大事，以爱心温暖他人！

看淡得失，平淡才是真生活

面对凡尘俗事，女人想得到的东西太多：金钱、地位、荣耀、感情……若要你舍弃这些，恐怕没有人会心甘情愿。只是更多的时候，你还认识不到这一点。总认为眼前看到的既得利益才是实实在在的，心里想的也是怎样保证眼前的利益不受损失。殊不知，这样做只会任机会溜走，不但不会有所得，严重的甚至会失去更多。

记得有这样一个小故事：在海边，一艘渔船旁挂着两张网，一张密，一

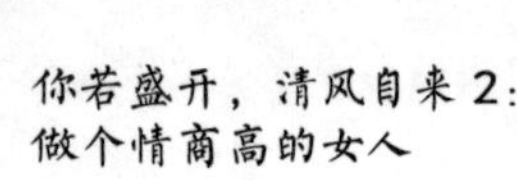

张疏。密的那张网眼小，渔民说：它是用来在浅海边拖小鱼小虾的。依我们的看法，只要网绳结实，细密的网应该是最佳的捕鱼工具，因为小鱼小虾都不能漏网，何况那些膘肥体壮的大鱼。然而，渔民指着细网却说：它是捞不上大鱼的。由于捕捉大鱼前，网内早被小鱼小虾占满，大鱼在此已无“容身之地”。渔夫还感叹地说，他们之所以总捕不到自己梦寐以求的大鱼，就是因为自己使用的网眼太小，放弃不了那些本该放弃的小虾小蟹。

听了这个故事，你是否会想到，人生何尝不是如此：凡事要看淡些，有舍才有得。“有舍才有得，凡事看淡些不仅可以找到转机，还可以挽救生命”就是生活要告诉我们的真谛。

女人的人生如意与否，全看你怎么看待这得失之间的价值了：若要更进一步，必然要放弃一些东西，就像你若要拥有美妙的身材，就必须放弃一些美味佳肴……这种有舍才有得的情况实在太多了。如果你真正做到了这一点，那成功就一步步地向你靠近了。凡事看淡些，你一定能得到你想要的幸福。

千枚下岗后发现家乡的茶叶产量已不是一个小数，于是便开了个茶厂。茶厂利润果然不菲，她的茶厂发展如日中天时，她又精明地发现开茶厂不如搞茶叶销售。于是千枚在别人不解的目光中全然放弃了茶厂，来城里开了茶庄，用千枚自己的话说：“凡事看淡些，做生意有舍才有得。”

事实证明，短短几年间，千枚的茶庄让她获得了丰厚利润。而当别人都沉浸于茶庄生意好做时，千枚早已在思考如何去打响茶叶品牌，宏扬茶道文化。她的茶庄率先注册了商标，开设了网站，连店面的装饰都颇有讲究。人们都说进千枚店里买茶也是一种享受。

千枚的口头禅是“舍得”。千枚常说：“舍得舍得，就是有舍才有得，凡事看淡些，我30多岁就下岗了，那时候也难受啊，可是怎么办呢，日子还是要过的，不看淡点，不是和自己过不去吗。现在想想，要不是舍弃了工作，我哪里有今天啊。”所以千枚她也非常舍得——她舍得花钱做茶叶研究，花钱去请专家指导，花钱不远万里去学习参观；她也舍得在营销过程中“疼痛”。有几年茶叶价格连续下跌，不少茶商便关门停业，走一步看一步。可千枚不同，

门面照样大开，比进价还低的茶叶照样卖，明知得亏血本的合同照样完成，千枚说，“舍得”其实就是要目光远大，舍小利得大钱，舍眼前赢大局，放长线才能钓大鱼。

女人要想活出自己的智慧和特色，还真的要凡事看淡些，学会舍得，先舍后得才是最长久、最智慧的“世俗”之道。凡事看淡得福报，这就是一本万利的“女人经”，要知道，这样的女人，常常能获得更大的回报，拥有更顺利的人生，在凡尘中活得有滋有味，幸福自在！

贪心不足蛇吞象，豁达睿智好情商

现今社会飞速发展，生活形态也发生了诸多变化，这导致女人心中的欲望也空前膨胀：有人一夜暴富，让女人们跃跃欲试；名牌商品漫天飞，让女人们蠢蠢欲动；香车别墅皆诱惑，哪能心如止水……做人大部分的痛苦来自欲望的不能满足、事事的斤斤计较。

常言道：贪心不足蛇吞象。生活中贪心的人比比皆是：什么都想要，什么都不愿放弃、不知满足，结果呢？只落得竹篮打水一场空。很多时候，你会被外在的物质所惑，想将其统统归于己有，舍不得放下，舍不得吃亏，于是心中就充满了矛盾而承受着极大的压力，以至于活得好累，甚至到最后什么都没有得到。

当私欲遮蔽了你的心智，贪心就会使你一错再错。贪欲的膨胀将简单变为得复杂，轻松变得沉重，快乐最终就烟消云散了，什么都想得到的结果就是什么也没有得到。一味的贪心、不知满足绝对是一大错误，绝对不是女人的生活智慧。你也会为之付出惨痛的代价，毁掉自己的一切希望。

一股细细的山泉，沿着窄窄的石缝，叮咚叮咚往下淌，不知过了多少年，竟然在岩石上冲刷出一个鸡蛋大小的浅坑。奇异的是，山泉不知从哪儿带来黄澄澄的金砂，填满了小坑，天天不增多也不减少。

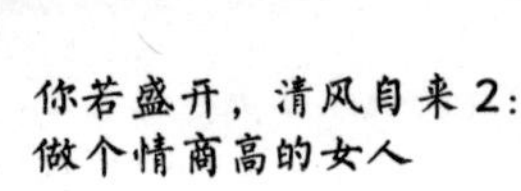

有一天，一位中年人来喝山泉水，偶然发现了清冽泉水中闪闪的金砂。惊喜之下，他小心翼翼地捧走了金砂。

从此，中年人不再受苦受累，不再爬山越岭砍柴。过个十天半月的，他就来取一次金砂，不用说，日子很快富裕起来。人们都感到蹊跷，不知中年人交上了啥财运。中年人对这天大的秘密守口如瓶，上不告父母，下不告妻儿。

中年人的妻子终于发现了丈夫的秘密。她埋怨丈夫不该将这事瞒着，不然早发大财了，于是妻子向丈夫建议，拓宽石缝，扩大山泉，不是能带来更多的金砂吗？说干就干，夫妇俩叮当叮当，很快就把窄窄的石缝凿宽了。后来，夫妇俩天天跑来看，却天天失望。金砂不仅没增多，反而消失得无影无踪。夫妇俩百思不得其解，金砂哪里去了呢？

可想而知，水流大了，金砂还会沉淀下来吗？贪婪的妻子连原来的金砂也失去了，什么都得不到了。

女人不能有贪欲，不知满足、生怕吃亏，因为贪欲是无底洞，你永远也填不满它。贪婪是一切祸乱的根源，会给你带来无穷无尽的烦恼和麻烦，成功做人必须控制贪欲。鱼和熊掌不能兼得，若你不想吃亏，都想霸在手上，就会忘乎所以，丢掉理性，走上极端，最终毁在“贪”字上。

据说上帝在创造蜈蚣时，并没有为它造脚。有一天，它看到羚羊、梅花鹿和其他有脚的动物都跑得比自己还快，便嫉妒地说：“哼！脚越多，当然跑得越快。”于是它向上帝祷告说：“上帝啊，我希望拥有比其他动物更多的脚。”上帝答应了蜈蚣的请求，他把好多好多的脚放在蜈蚣面前，任凭它自由取用。蜈蚣迫不及待地拿起这些脚，从头一直粘到尾，但是等它一开始要跑时，才发觉自己完全无法控制这些脚，反而比以前走得更慢了，不禁非常沮丧。

这一切自然是贪心惹的祸。面对难填的欲壑，女人们应尽量享受已经拥有的，否则，自己苦心经营的美好生活顷刻就被贪心毁得灰飞烟灭。减少私欲，不要什么都占着，要从欲念的无底深渊中摆脱出来，这样做人才真实，富有质感。

六欲不能太重，七情不能太多，这样才能不为贪心所左右，真正聆听到心的声音，理解到做女人的智慧和修养。对付贪心最有效的方法就是学会放下。放下是一种美丽，是一种心灵的豁达，学会放下是一种智慧，是一种睿智，是一种心灵的释放，一种做人的洒脱。

做女人，多数东西并不容易改变，容易改变的，是自己的态度和心情，只要你自己觉得满足，你就是天底下最富有的人；只要你自己觉得快乐，你就是最豁达的人！

为了快乐，女人必须学会放下一些物欲上的诱惑，学会控制贪心。其实学会放下并不难，人生的许多东西都是“生不带来，死不带去”的，得到你该要的、该有的就够了，剩下的，慢慢淡忘掉吧！当你减少贪恋后，你会发现眼界豁然开阔，人生中有了更多更美的风景，而你也在简单的生活中享受到了更多的快乐。

浇灭心中的执念，换来纯净的人生

女人的一生中有许多无可奈何和不得不舍弃的东西。花好月圆终究无法长存，随着时间的流逝，今天亦会悄然而逝。一些东西如果非常执着的话，势必会成为未来发展的负累。正如泰戈尔所说：当鸟翼系上了黄金，鸟儿就飞不远了。

吴桐和丈夫、孩子旅游回来带回来一个精美的水晶盘子。盘子非常漂亮，晶莹剔透，并且刻满异国情调的繁复花纹，在灯光映照下闪耀着迷人的光芒。她非常喜欢这个水晶盘，经常拿着把玩。她还特意定做了一个结实的展示桌，把它放到最显眼又最安全的位置。为了保持水晶盘晶莹剔透的美丽，她隔三岔五地去打扫桌子，不让半点灰尘玷污这个心爱之物。

吴桐一改往日不爱做家务的习惯，小心翼翼地看护着她的稀世珍宝。她担心家里的小孩玩耍时撞到桌子碰翻水晶盘，她还担心丈夫会失手打碎水晶

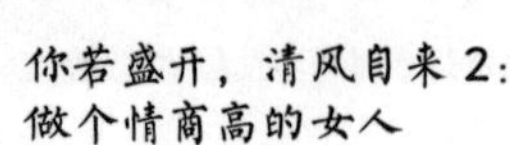

盘，因此，她没少呵斥孩子和丈夫。孩子和丈夫在呵斥中变得谨小慎微，孩子不敢在家里玩闹和嬉戏，丈夫也不敢在家里随意走动。

日子一久，家里人说起话来客气得就像陌生人。每个人都感觉有一股气憋在心里难受，无缘无故多了几分烦躁，脾气都变得暴躁起来，经常为了一点鸡毛蒜皮的小事而吵闹。一天，一个好久没见面的老同学到吴桐家里做客，进屋没多久就看见了这个漂亮的水晶盘。

老同学眼睛一亮，感兴趣地要求吴桐拿下来赏玩一番。在连声的夸赞中，吴桐非常得意地站到椅子上取水晶盘，递给这位友人。不料，一个不小心，水晶盘坠落在地上。“啪”的一声，丈夫在阳台听见声响慌忙跑到客厅里，在客厅看动画片的孩子也抬头看着他们，一脸的惶惑。吴桐和老同学都呆在那里。

吴桐站在椅子上，看着地上的片片水晶，一脸的茫然。曾经爱如珍宝的水晶盘在刹那间就成了永远的回忆，这让她百感交集。同时，这一声响，好像锁在心头的一个牢固锁头突然打开，吴桐心里先是一紧，随之而来的却是如释重负的痛快。吴桐轻松地安慰着尴尬的老同学和紧张万分的家人，脸上绽放出以前难得一见的笑容。于是，久违了的温馨气氛重新又回到了吴桐的家里。

懂得为自己留一片清静，放弃过多的执念是女人的现实需要，更是女人做人的艺术，能让自己毫无负担地享受到生活的本真。吴桐正是在舍弃精美的水晶盘子后才告别了负担沉重的生活，找回了轻松自在和清静的生活。

在生活中，女人如驾驶一叶扁舟，若不堪重负，它将在岁月的大海中沉没。因此，你要学会让自己的心头清静一些、轻松一些，让小舟能在浩渺大海中自由、平安地航行。美好的东西是珍贵的，但若呵护完美成为一种负担、一种束缚，那就不如放下美好来换得轻松自在和心头的清静。吴桐不正是如此吗？

在女人的人生征途中，有千回万转的坎坷，也有峰回路转的机遇，面对挑战和机遇，需要你慎重考虑，但也不必过分执着，千万不能为了一棵树而放弃一片森林。当然，对人生中那些重要的事，你还是应该努力地去争取，奋力

拼搏，只有这样，小舟在航行时才能找到方向。

做女人就应该懂得如何抉择，正如你面前放了两把椅子时，千万不要急着坐下，要做出冷静客观的分析。如果你想同时坐在两把椅子上，便有可能从椅子中间掉下去，因此只有有十足的把握后，才能选择其中最稳固的一把坐下，因为生活往往只能给你一把椅子。会抉择、能在世俗中找到一片清静是做女人的一种智慧。

“明者远见于未萌，智者避危于未形。”你只有懂得抉择，知道心之所向，才能使自己更宽容、更睿智；你只有懂得舍弃才能让自己更从容、更淡然。会抉择、能在世俗中找到一片清静是女人灵性的觉醒、慧根的显现，如同放鸟归林、放鱼入池。

人生是艰难的航行，不可能一帆风顺，让心清静才能走得远，才能有所追求，执念太强的女人反而会失去许多珍贵的东西，让自己的心受累，生活得不开心。许多时候女人都应懂得抉择，能即时抽身转头或离开，带着“路漫漫其修远兮，吾将上下而求索”的精神去拼、去闯、去创造。

生命的意义并不在于你拥有多少，而在于身处其中是否懂得抉择，是否知道转个弯去追求梦想，是否能让心在清静中看清方向。跋涉人生时，若女人不懂抉择，太执着于眼前的一些美丽风景的话，那么，你就可能因心太累而错过前方更绚丽多姿的景致。女人若是一味地执着于自我的天堂，便走不出精彩的人生；一味执着于失意的旋涡，便走不出大海的磅礴。

只有那些懂得抉择的女人，才会还心一片清静，欣赏到真正的美景。只有懂得放下、懂得抉择、懂得为心灵造就一片宁静的女人，才会在不断流转的岁月中勇往直前，为自己的灵魂留一片清醒！

第 5 章　逆境情商，拨开心中的阴霾放飞希望

摆脱阴霾，做独立坚强的女人

茫茫人海，岁月蹉跎，在命运的长河里，处处隐藏着暗礁，欲泛舟江上，定会频遇挫折。挫折虽然给女人的人生带来痛苦，但却是女人命运的炼金石，见证着优秀女人的诞生。这种炼金之美，只有经历过的女人才能感知其色彩。

正如“自古巾帼多磨难”，古今中外许多巾帼女英雄都是运用自身的逆商在与挫折做斗争时，磨炼了她的意志，激发了她的斗志，使她学会了思考调整自己的行为，以更佳的方式实现自己的目标，成就自己非凡的事业。

曾经有人说过：世界荣誉的桂冠，都是由荆棘编织而成的。生活道路上亦如是，充满了坎坷和荆棘，不管你愿不愿意，挫折总会翩翩而至。如同成语“蚌病成珠”，如果说珍珠是蚌艰苦磨炼的结晶，那成功就是女人们在接受一次次挫折后所得到的奖赏。走向生命之巅就像爬山，只有你在半山腰克服了疲惫、在后悔时选择了坚持，等待你的便是山顶上那“会当凌绝顶，一览众山小”的美景。

达茜小时候因病成了残疾，她母亲妮娜的心就像刀绞一样，但她还是强

忍住自己的悲痛。她想，达茜现在最需要的是鼓励和帮助，而不是妈妈的眼泪。妮娜来到达茜的病床前，拉着她的手说："孩子，妈妈相信你是个有志气的人，希望你能用自己的双腿，在人生的道路上勇敢地走下去！好达茜，你能够答应妈妈吗？"母亲的话，像铁锤一样撞击着达茜的心扉，她"哇"的一声，扑到母亲怀里大哭起来。

从那以后，妮娜只要一有空，就让达茜练习走路，做体操，常常累得满头大汗。有一次妮娜得了重感冒，她想，做母亲的不仅要言传，还要身教。尽管发着高烧，她还是下床按计划帮助达茜练习走路。黄豆般的汗水从妮娜脸上淌下来，她用干毛巾擦擦，咬紧牙，硬是帮达茜完成了当天的锻炼计划。体育锻炼弥补了残疾给达茜带来的不便。母亲妮娜的榜样作用，更是深深教育了达茜，达茜终于经受住了命运给她的严酷打击。

达茜学习刻苦，学习成绩一直在班上名列前茅。最后以优异的成绩考进了维也纳大学医学院。大学毕业后，达茜以全部精力，致力于耳科神经学的研究，并取得了举世瞩目的成绩。

阴霾是女人生命中的一部分，没有阴霾的人生是不完美的，从开始走路，学说话，学写字，我们就是从阴霾中一路走来，在应用逆商战胜阴霾中成长。阴霾也许会阻碍我们前进的步伐，但没有阴霾这块炼金石的历练，我们就不能学会坚强，就不会拥有斗志，就不能在社会上立足。

俗话说：沧海横流，方显英雄本色。在女人的发展历程中，不可能不遇到挫折和阴霾。关键是如何做好接受挫折并做好挑战的心理准备，如何用智慧和能力克服挫折带来的困难，把挫折转化为有利于自己发展的顺境。

阴霾是女人生命中的一阵阵风，清醒着我们的头脑；阴霾是女人岁月油灯中的一滴滴油，给我们上进的燃料；阴霾是点燃女人人生蜡烛的火柴，燃烧着前进的希望；阴霾是铺就女人命运的一块块铺路砖，为我们铺下一条通往完美的康庄大道。

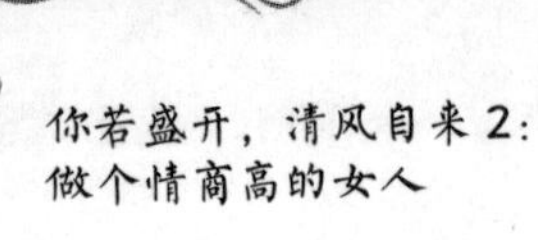

勇敢乐观，在磨难中找寻希望

女人的人生如一次旅行，我们不必在乎终点停靠在何处，而应关注沿途的风景，并时刻保持欣赏美景的心情。女人的生活如一条大道，沿途的道路注定不会一马平川，而是夹杂着高山与低谷，虽然道路曲折，但只要有一颗勇敢的心，便能登上属于自己的巅峰。

勇气是女人生命中最伟大的馈赠，能一次又一次赐予你自信，让你展翅飞向成功的殿堂！伊丽莎白正是用勇气战胜了生命中的重重困难。曾是一名才华横溢的金融律师的伊丽莎白，还是4个孩子的母亲，但她曾经历过一段伤心欲绝的黑暗日子——16岁的儿子韦德在车祸中丧生了。

伊丽莎白说："韦德死后，我觉得生活已经没有什么意义了。这不像其他灾难，失去的是昨天，对于一个母亲来说，失去孩子等于失去未来。我开始整日担心15岁的女儿凯特会出事。"在她最痛苦的时候，回忆那些幸福的往事能让她暂时止住眼泪。后来，伊丽莎白意识到自己不能在回忆中度过一生，于是，她鼓起勇气和丈夫一起，办起了慈善基金，为学生提供校外电脑和技术培训，为贫穷的大学生提供奖学金。

随后伊丽莎白高龄产下女儿，又生下儿子。就在伊丽莎白忙碌于照料孩子时，命运再次给了她重重一击……她被诊断患有乳腺癌，而且已经扩散。当时，她的第一个念头是"我还有两个年幼的孩子，我要尽一切可能活下去"，面对治疗中的副作用——头发全部脱落，这位充满勇气的女人笑着说："这下我终于不用染头发了，以前总得染，好让自己看上去不像约翰的妈妈。"中年丧子的沉重打击，的确让伊丽莎白老了许多，但是，在丈夫眼中，她是"世界上最最美丽的妻子"。

就是这样一个勇敢的女人，一次次用勇气的力量征服了生命中的重重不幸。同样地，达娜也用自己的经历让我们见识了勇气不可忽视的力量，让我们看到了她在于磨难拼搏中绽放的勃勃生机。

达娜是性格开朗、坚强的女人。婚后第三年，丈夫在一次意外中受重伤，轻松的婚姻生活便完全结束了。丈夫曾绝望地要拔掉呼吸器，达娜鼓起勇气安慰他说："如果你想结束生命，我能理解你的心情。但是，我爱你，无论发生什么我都一如既往地爱你，还记得我们在婚礼上的誓言吗？我要遵守我的诺言，你呢？"

此后，达娜辞去所有工作，专心照料丈夫和孩子们。达娜说："生活中这样的变故可以使一个家庭破裂，也可以让这个家有勇气更团结，我很骄傲我们所有家庭成员的内心都变得强大起来。"在谈到妻子时，丈夫感慨地说："英雄是在遇到逆境时仍然能够鼓起勇气，继续努力坚持到底的人，是能以非凡的力量鼓舞别人的人。我的妻子就是我们全家人的英雄！"

女人的生命中不能缺少勇气。在我们的人生旅途中总会遇到各种挫折和磨难，这时我们要用勇气来武装自己，披荆斩棘。女人拥有了勇气，就如同有了能一路过关斩将的开道长枪；女人拥有了勇气，就拥有了能抒写自己美妙人生的力量；女人拥有了勇气，就如同有了一路乘风破浪的风帆，能历经磨难抵达美丽的伊甸园！

适当放弃，生活会有另一种美

女人的一生，需要放弃的东西很多，如果不是我们应该拥有的，就要学会适当放弃。古人云："鱼与熊掌不可兼得。"漫漫人生旅途，有山山水水，有风风雨雨，有得有失，只有学会了适当放弃，我们才能成熟，让生活变得更轻松。

适当放弃是女人对生活的明智选择，只有懂得何时放弃的女人才会事事如鱼得水。人生如戏，我们都是导演，只有懂得适当放弃的女人才能创作出赏心悦目的精彩作品！女人要懂得适当放弃，一个女人如果背负的东西太多，心就会变得很复杂，若想轻装上阵，就应该舍下一些不必要的东西。

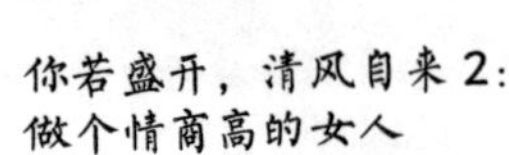

往事如烟，年华似水，我们总会面临无数的选择、取舍，常常放弃一些东西是艰难的，因为它们或美丽，或诱人，但当你勇敢地放弃之后，也许你会幡然发现：原来适当放弃也是一种美丽。

某一知名跨国公司以丰厚薪水招聘计算机网络员，兰十分想应聘这一职位。但她在职校的培训已近尾声了，这要真的被这家公司聘用了，一年的培训就算夭折了，连张结业证书都拿不上。兰犹豫了，并把自己的想法告诉了妈妈，妈妈笑着说："妈妈和你做个游戏。"只见，她把刚买的两个大西瓜一一放在兰面前。让君兰先抱起一个，然后，再抱起另一个。

兰瞪着圆圆的眼睛看着妈妈，一筹莫展：这么大的西瓜，抱一个已经够沉的了，两个是没法抱住的。"那你怎么不把第二个抱住呢？"妈妈追问。兰愣住了，不知如何才能同时抱住两个大西瓜。妈妈摸摸兰的头，笑着说："哎，你不能把手上的那个放下来吗？"兰这才似乎缓过神来，是呀，放下手中的这个，不就能抱上另一个了吗！

妈妈语重心长地说："这两个西瓜总得放弃一个，才能获得另一个。工作也同样如此，如何取舍，就看你自己怎么选择了。"兰顿悟，最终她考虑到这家公司很有发展潜力，近些年新推出的产品在市场上均十分走俏，对自己将来的发展也颇有利，于是她选择了应聘，放弃了培训。后来，兰如愿以偿地成了那家跨国公司的职员，顺利地展开了自己的职业生涯。

人生中该适当放弃时就要放弃，切不可让得到的也成了另一种意义上的失去，只有这样，我们才能学会珍惜。女人的欲望像无底洞，什么都想得到，兰亦如此，希望工作和培训兼得，但现实却是矛盾的，因此，兰的妈妈用鲜活的例子教会了她——"放弃"。

我们都知道，计算机中的回收站是要经常清空的，否则会占用过多的空间，影响计算机的运转速度。女人的人生也是如此，你不能扔掉一切，但你也不能保留一切。聪明的女人应该既善于保留，更善于舍弃，要明白幸福是需要用眼光去辨别的，更需要勇气去放弃。

萍有一份令人羡慕的职业，收入稳定，前途无忧，忽然有一天，她向单

位说辞职不干了，理由是上学深造。她坦言辞职是为了更好的将来。她说，当下市场竞争越来越激烈，知识的折旧远比固定资产快得多，不断学习新知识是让自己处于职场优势的最佳途径。同时，她也承认，这种放弃是十分困难的，毕竟如今的工作薪水相当不错，而辞职则意味着暂时没有收入。她说，其实，很多女人在职业生涯中都会遇到这种情况，当事业发展到一定阶段，会陷入一种无法突破的怪圈，如果你想有所改变，知识无疑是最有力的工具。基于这些想法，她便毅然辞职，选择了继续深造。

女人要学会放弃，生活中，总有许多的东西诱惑着我们，在一程又一程前进的旅途中，学会放弃，才能发现不同的风景，享受不同的快乐，萍便是这样一个睿智的女人，相信未来她的生活会更加精彩。

人并不可能总是拥有全部幸福，当我们面对许多事物时，逃避不一定躲得过，面对也不一定最难受，得到不一定能长久，失去也不一定不会再有。背负太多欲望的女人，会让自己疲惫不堪，只有适当地放弃，才能得到真正的快乐。很多时候，当我们放弃后才发现原来事情的答案并不止一个，换个思维，一切就都不一样了。

女人懂得适当放弃，是一种胸怀，更是一种升华，能使我们的人生更加简洁，让我们感受到内心的宁静平衡，绽放成熟的美丽；女人懂得适当放弃，是让我们正确地审视自己，充分理解“失之东隅，收之桑榆”的妙谛；女人懂得适当放弃，是我们人生旅程的一种超越，让我们在逆境中多一点中和的思想，静观万物，体会生命别样的诗意！

转移精力，积累人生的超凡智慧

工作频率的快节奏，工作强度的高负荷，工作环境的多变换等，让女人的日子过得忙忙碌碌。重压之下，一旦遭遇逆境，更感如乌云一片，盘踞在自己头上，如若将注意力过分集中在这片乌云之上，则可能产生不健康的心理定

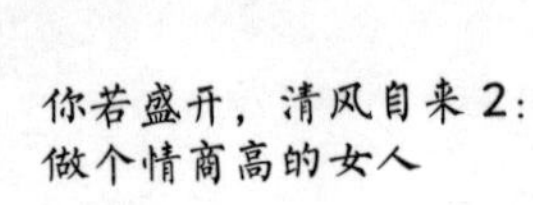

式甚至神经质现象，影响自己的工作心情或生活状态。

如何改变这种状况呢？最好的方法就是转移对逆境的注意力。其实，女人的注意力是有限的。当你在注意一件事情的时候，往往注意不到其他事情。所以，从重重抑郁中摆脱出来的方法并不复杂。女人只有学会轻装上阵，才能善待自己，凡事不跟自己较劲，轻松地工作、生活。

嘉嘉被公司辞退了，非常痛苦。她找心理学家去咨询，一见到心理学家就哭了，并泣不成声地说："我好惨呀，我多么不幸呵，我怎么养活自己和家人啊，我这一辈子都不知道怎么过啊……"心理学家对她说："小姐，你被公司辞退是你自愿的。"嘉嘉吓了一跳，说："你说什么呀，我怎么可能自愿被辞退啊？"心理学家对她说："你被公司辞退一次，但在你的心里天天心甘情愿地被公司辞退一次，那你一年下来，就被公司辞退了365次。""这是怎么回事？"嘉嘉不解地问。"在你身边发生了一件不好的事情，即当你遭遇逆境时，你好像看到了一场不好的电影一样，天天在回想，这不是很笨的事情吗？这就叫重蹈覆辙，你知道吗？"

转移注意力，简单说来，就是改变你脑海中的"电影"，如果你不喜欢这部电影，就不要再在脑海里播放那些片段了，而应该去选择一部新的、喜欢的"电影"播放，如此，就很容易地改变了自己的心态，进而改变自己所处的状况。

惠惠的一个好朋友深深地伤害了她，让她的工作遇到了很大挫折，让她陷入逆境无法自拔。她很生气，非常恨这位朋友，甚至想报复。而这种心态影响了她的正常生活。于是，她只得去求助心理医生。见到医生后，医生让她先闭起眼睛，说："你现在看到那个人了吗？"她回答说看到了。

"你看出她什么样子？"

"我好气她。"

"你现在头脑里面按照我说的话去做，你想象她的头突然变大一百倍，你看到那个画面了吗？"

"看到了。"

“什么感觉？”

“很好笑。”

“你再想象这人整个缩小得像个小矮人，跟你膝盖一样高。”“你想象这个人歪七扭八变形了，嘴巴变得不像人样了。你现在再把刚才这个画面从头想一遍。”

惠惠一想到朋友的小矮人形象就觉得很好笑。心理医生便叫她再次倒带、回放，并快速回放一次两次，这样一来惠惠那种很生气的感受便荡然无存了。当她把眼睛睁开后，医生问：“你现在觉得这个人怎么样？”她说觉得很好笑。医生又问：“下一次你见到这个人会怎么样？”她说：“以后我再看见她已经不生气了，我只觉得她像个小矮人一样在我面前变来变去，可笑极了。”于是，惠惠的忧郁问题彻底解决了，还获得了走出逆境的方法和勇气，并又能积极投入工作了。

女人的工作、生活总处于不断变化中，人也总是在遗忘—记忆—遗忘这样一种循环中描绘日子。当我们感到压抑时，不妨适度转移注意力，比如像惠惠一样适度想象，也可以多做点其他的事，听听音乐、看看书或唱歌等，还可多想想自己曾经“呼风唤雨”的辉煌，以尽快摆脱逆境的阴影。

当你身处逆境时，更要转移注意力，学会“遗忘”，尝试着不给自己的思想留有空余时间而让自己忙碌起来，使自己在忙碌中转移注意力，忘掉痛苦的事情。总之，女人所遭遇的逆境并不像青面獠牙的魔女一样让人可怕，我们每个人都曾与其交战过。

在我们羡慕那些坚韧不拔、百折不挠的生活女达人时，请相信，我们也能将逆境像擦灰尘那般轻轻抹去，只要我们能适当转移自己的注意力，让心中充满阳光，面对困难，能抬起我们不愿屈服的头颅，我们就能笑着对全世界说：命运掌握在我自己手里，我的人生我做主。这样，你才能信心倍增、干劲高涨、勇气十足，慢慢地走出逆境，重新拥有希望！

鼓足勇气，恐惧是可以克服的

变幻莫测的海面上有时风平浪静，有时波涛汹涌；同样，女人的一生夹杂着顺境与逆境。在生活中，女人如一望无际大海之上的一叶扁舟。当逆境来袭时，失意与彷徨会燃烧着我们的每一根神经。身处逆境的确是遗憾之事，因为它会带来困难、阻力、苦恼。但切不要恐惧，因为逆境同样能使我们磨炼意志、砥砺思想！

逆境是通向真理的一条道路，是女人一生必经的一个阶段；逆境更是女人生命中的一个挑战，不恐惧才能愈挫愈勇，要知道，你的明天就握在你自己手里！

有这样一句话：在最黑的土地上生长着最娇艳的花朵，那些最伟岸挺拔的树木总是在最陡峭的岩石中扎根，昂首向天。的确，没有岩石的坚硬，哪会有草儿的“挺拔”；没有风雪的无情，哪会有松柏的坚韧。

所以并非每一次逆境都是灾难，在逆境中，女人不要恐惧，也不要怨天尤人，要学会克服困难，摆脱逆境，创造自己的美好明天。

宋庆龄是我国坚贞不屈、勇敢忠诚的精神和美的象征，更是我国了不起的杰出女性。著名诗人丁玲在献给宋庆龄一首诗中写道：“诗人写过傲霜的秋菊，秋菊经受的风风雨雨，怎能与您的一生相比。几十年来，您都在风雨中亭亭玉立。”如诗般的语言把宋庆龄一生在风风雨雨的逆境中奋斗的形象真实地呈现在我们眼前。

宋庆龄一生多半在逆境中度过，她的许多丰功伟业都是在身处逆境的奋进中取得的。宋庆龄坚决与孙中山结为革命伴侣，是她一生中作出的第一个惊人抉择，也是她一生中遇到的第一个逆境。她不惧怕这一逆境，并在其中奋力抗争以冲破世俗偏见，表现了最坚强的自我奋斗，并实现了自我抉择。

1925年孙中山的逝世，对她而言是一个沉重的打击，使她陷入一生中另一个重大的逆境。为了继承并捍卫孙中山的伟大理想和革命事业，她再一次作出

重大的抉择：不去依靠孙中山的尊荣与威望，过豪华舒坦的生活，更不坐享富裕家庭给她带来的荣华富贵；而是选择了充满无数风险和复杂斗争的道路。

在大革命失败后，神州大地处于血雨腥风、天昏地暗的漫漫长夜，这是宋庆龄一生中所遇到的第三个逆境。她在这个逆境中，经历时间之长，所受压力之巨，磨难之多，风险之大，是前所未有的。在这个逆境中，宋庆龄所表现了刚毅坚强的风貌、气贯长虹的浩然正气，她不惧暴力，藐视权贵，富贵不淫，威武不屈，对蒋介石的威胁利诱软硬不吃，坚定地走自己道路，其崇高品德堪为百世楷模。

在晚年，宋庆龄遭受了“文化大革命”的迫害，这也是在她一生中最后一次身处逆境，在这个逆境中她度过了最孤寂、最难熬的动乱十年。特别难能可贵的是，身处逆境的宋庆龄对身处逆境的同志和战友给予了无私无畏的援助，耄耋之年的宋庆龄冲破逆境后，表现了更旺盛的青春活力。

请不要害怕，逆境往往是好的开端。宋庆龄的一生都在逆境中不懈奋进，她所表现的不惧逆境的人格魅力，是留给我们所有女性的宝贵财富。

当面对生活中的逆境时，不妨丢下恐惧，仰头遥望湛蓝的天空，让沁人心脾的蓝色映入心田，再觅一块软软的草地躺下，任由阳光在脸上跳跃，让微风拂过慌乱疲惫的心，寻求一片安宁。

人生中的逆境对女人而言是一种难得的历练，所以不要被逆境吓倒。如果应用乐观的态度将之想象成理所当然，那么逆境就会变成顺境的前奏。如此，你便可以不断地超越、不断地挑战自我，即使远方还缥缈得遥遥无期，但只要打开心灵之窗，让明媚的阳光和皎洁的月光涌进来，赶走恐惧、害怕、无助，唤醒勇敢的心，就能奏响一支永不熄灭的生命之歌，就能看见人生的奇迹！

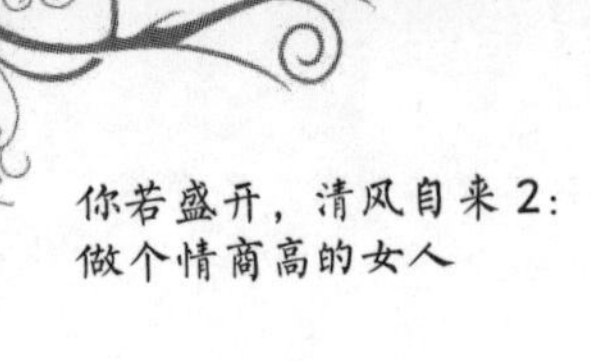

看清逆境，扬起生命的风帆

诚如孟子所言，“天将降大任于斯人也，必先苦其心志，劳其筋骨，饿其体肤，空乏其身，行拂乱其所为，所以动心忍性，曾益其所不能。”逆境是重重叠叠岁月给予女人的一种馈赠，能让我们勇敢地扬起生命的风帆，感受黎明前的黑暗，绽放生如夏花的绚丽夺目！

女人的人生不经历逆境，就不能到达胜利的彼岸；不经历逆境，就不能看到彩虹的美丽。女人看清逆境才能像蝶一般，在沉默了一冬之后，积蓄全身的力量，将飞的梦想变成现实；才能像非洲的依米花一般，在经历了五年毒日少水的考验后，爆发出自己毕生的心血，将花的芬芳吐露无遗，留给世人惊艳一幕；才能像火凤凰一般，在经历了熊熊烈火的烤打炼造后，将不死鸟的神话延续下去……

苏格拉底有句名言：“逆境是磨炼人的最高学府。”的确，如果没有各种各样的磨炼，我们难以抵达人生的制高点。只有经历了逆境的洗礼，女人的人生才能完整，生命之花才能开放得分外妖娆。女人一路前行自然不可能一帆风顺，总会遇到一些挫折、打击等逆境。问题在于，如何看清逆境并认识其真正的价值。

张爱玲的小说大多写的是上海没落淑女的传奇故事，而她的身世本身就是一部苍凉哀婉而精彩动人的女性传奇。张爱玲的祖父原是清末的著名大臣，而她的祖母则是慈禧心腹中堂李鸿章之女。不过，到了她父母一代，家道已然完全败落。

受父亲风雅能文的影响，张爱玲从小就会背唐诗，同时也受母亲向往西方文化的影响，生活情趣及艺术品位都是西洋化的。然而好景不长，父亲娶姨太太后，母亲不但勇敢地冲出了家庭的牢笼，还与姑姑一起出洋留学。

年幼的张爱玲在失去了母爱之后，还要承受旧家庭的污浊。因此，张爱玲后来在文学创作中总是以“衰落中的文化，乱世中的文明”作为文化背景。

张爱玲是一个才女，6岁入私塾，在读诗背经的同时，就开始小说创作。7岁时，张爱玲随家回到上海，不久，母亲回国，她又跟着母亲学画画、钢琴和英文。11岁的张爱玲在进入中学后，母亲再次出洋。而张爱玲也愿意住在学校，很少回家。家庭的不幸使得有家不能归的张爱玲把几乎所有的情感都投入到学习和写作中。

张爱玲毕业时，母亲再次回国，向父亲提出让张爱玲留学英国的要求，遭到拒绝，后母借此与张爱玲发生冲突，父亲歇斯底里地将张爱玲禁闭在家中。张爱玲病在床上，多日无人照应，几乎丧命。在困境中终于长成大姑娘的张爱玲再一次接受了命运的考验，她虽然考取了英国的伦敦大学，却因为战事激烈无法前往。

1939年秋，张爱玲终于时来运转，得到了改入香港大学文学系的机会。此时，《西风》月刊也发表了她的散文处女作《天才梦》。张爱玲仍然未能摆脱多舛的命运，多年磨难后，张爱玲在《紫罗兰》上发表了《沉香屑　第一炉香》，从而一鸣惊人。

逆境，使张爱玲的文章别具风味。在不幸现实的挑战下，张爱玲激流勇进，完成了她文学上一次又一次的飞跃，写就了一篇又一篇名垂青史的著作。

逆境对女人的一生来说的确有诸多不利，但正如培根所说，“奇迹多是在厄运中出现的”。逆境中往往蕴藏着巨大的创造奇迹和成才成功的机遇。“不经一番彻骨寒，怎得梅花扑鼻香。”多少女人是在逆境的磨炼中成才的！

逆境是所学校，女人能在这里学到丰富的人生知识；逆境是块磨刀石，它能磨砺出女人奋发向上的意志和百折不挠的精神；逆境是每个成功女人都经历过的，她们被逆境锻炼、与逆境抗争，并战胜逆境，迈向成功！

逆境洗礼，破茧化蝶宛若新生

在遭遇逆境时，女人需要勇往直前。纵使生活中暗夜无边，只要心中有

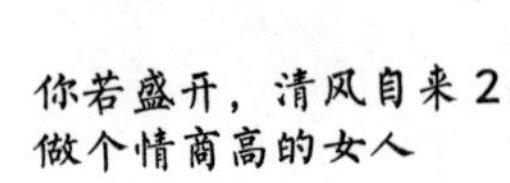

路，就能引领我们前行，抵达光明的前方！人生在世，遭遇逆境在所难免，其实适度的挫折有着一定的积极意义，它能帮你驱走惰性，促使你奋进，勇往直前地迎接新的挑战和考验。相信这样一个故事是每个女人都读过的。

一个小孩发现草地上有一个蛹，便带回了家。过了几天，蛹上出现了一道小裂缝，里面的蝴蝶挣扎了好长时间，身子似乎被卡住了，一直出不来。善良天真的孩子舍不得蝴蝶如此艰辛地挣扎，于是，他便拿起剪刀把蛹壳剪开，帮助蝴蝶脱蛹出来。然而，由于这只蝴蝶没有经过破蛹前必须经历的痛苦挣扎，以致出壳后身躯臃肿，翅膀干瘪，根本飞不起来，不久便死了。

每个人都希望自己的生活中能够多一些快乐，少一些痛苦，多些顺境，少些逆境，可是命运却总爱捉弄人，总会让你遭遇无穷的痛苦、失败。这个故事隐含着一个人生道理：要有所成长就必须经历痛苦和挫折。逆境是对女人的磨炼，也是一个女人成长必经的过程。而这时，勇往直前的女人便显现出强大的生命力，李莉便是其中之一。

李莉现在自己开了一家贸易公司。她曾经是一名下岗工人，为了生计，她摆过地摊。经过多年的不懈努力，如今她经营的商贸有限公司已有9家连锁店，资产上千万，年纳税近百万元。

十年前，李莉下岗了，当时上有老下有小的，没有了工作，以后的生活都成问题。她在家里反复思考，是一蹶不振，还是从头再来？一蹶不振只能等死，勇往直前从头再来还会有新希望。于是，她批发了一些日用品，在市中心摆起了地摊。尽管是小打小闹的生意，两个月下来，她还是赚了3000多元。于是，她想要是开个店一定会挣得更多。为了筹集开店资金，她和丈夫不知跑了多少路，说了多少好话，还贷了款。就这样，终于凑齐了7万元资金。她激励自己说：只许成功，不许失败。就这样，贸易公司诞生了。

李莉的创业之路困难重重。从进货到销货，从收钱到清货，上上下下，里里外外，全是她一个人。由于缺乏经营经验，刚开始店里损失不少。但她并没有被困难打倒，而是一次又一次勇敢地迎接命运的考验。正所谓：一份辛劳一份收获。通过几年的摸爬滚打，她终于把债务还清，并且有了一点积蓄。与

此同时，她下决心要把企业做大做强，让那些当初和她一样下岗的姐妹重新上岗。开连锁店是贸易公司发展中的第一个转折。为了将来连锁店能顺利发展，她建立了自己的货物配送中心。然而，正当她的事业红火时，一场官司突然降临。虽然在官司中，她损失惨重，甚至萌生退意，但她仍然没有放弃，而是总结经验：办事情千万不可麻痹大意。其后，她不断反思，终于带领企业持续发展，迎来了美好的今天！

多年来，李莉从摆地摊走来，没有因为艰辛劳累而退缩，也没有因现实的胁迫而让路，更没有因为官司而中途倒下。尽管她饱尝了酸甜苦辣，但她用自身经历诠释了何谓勇往直前：女人不是弱者，只要我们挺起胸膛，不畏艰险，就一定能够掌握自己的命运，成为生活的强者！

女人创业需要勇气，更需要百折不挠的精神和诚信。女人想成就自己的事业，就要甘于干大事、立志向、树目标，这样才有行走的方向。成功时，我们不能因过度喜悦而醉倒；失败时，我们亦不能灰心丧气、怨天忧人。面对"山重水复疑无路"的逆境，唯有勇往直前，持之以恒，才能有信心去克服一切困难，觅到"柳暗花明又一村"的美景。心在何方，路就在何方，勇往直前便是照亮我们前程的明灯！

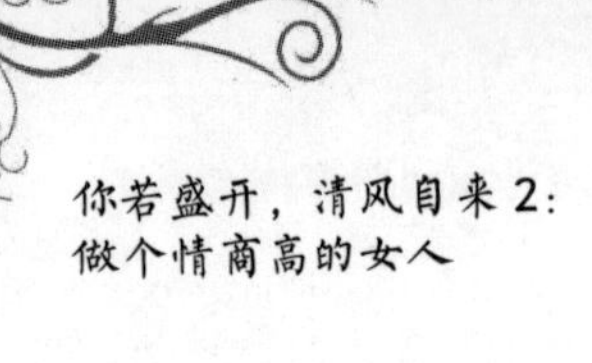

第6章　职场情商，女人要练就亲和力和领导力

自信乐观，赢得好的开端

自信是反映女人综合素质的一个重要指标。自信能令我们的内在与外在获益，从而使我们展现出积极的态度和超越自我的能力，释放出一种吸引人的力量，这就大大提高了我们的个人竞争力，培养好的开端，那有什么方法能提高我们的自信心呢?

拥有自己的信念

拥有自己的信念，并将其写下随身携带。这些信念能给予你力量，让你相信自己能战胜一切困难，能勇往直前地走下去。

准备充分，打下牢固基础

信心的来源绝不是凭空想象。比如，你在大学时参加考试，如果你一点也没有准备，平时上课也不用心，那么就算你再自信也不敢打包票说自己能考得很好，因为你心里没底，完全不知道考试的时候是个什么状况。

当然，这对平时就准备充分的女人来说就另当别论了，所以我们在做事之前要做好充分的准备，为提升自信打下基础，为自己成功提供可能。职场亦是同样，准备充分后再开展工作，往往能取得事半功倍的效果，而这每一次的

成功就会形成一个良性循环，会让我们变得越来越自信，越来越敢于尝试、迎接多种挑战，越来越有成功的经验和信心。

及时总结失败经验，失败是成功之母

失败对女人而言无疑是不小的打击，但也没必要因此垂头丧气、对自己丧失信心。遭遇失败，最重要的是从中找出失败的原因，尽力弥补自己的不足，让自己的能力能更上一层楼。

比方说，当你考试没考好时，灰心丧气、一蹶不振都是无济于事的，相反，冷静地分析自己错在哪里、产生错误的根源是什么才是明智之选。若是因为自己没有复习到，那么查漏补缺就好了；若是自己的能力有限无法解答，也不能随便泄气，觉得自己先天能力不足，完全可以向其他人请教，从他们的指点中领悟经验和方法。

总之，从失败中学到经验，令自己有所成长才是对待失败的最好方法，也是通往成功的航船。

永远相信自己能行

永远相信自己：只要我努力，只要我用心，我就能完成任何事情。这会使我们在职场中更加自信，也能使我们能更勇敢地面对失败。

不妨在工作前仔细想想：什么事情是自信的人能做而不自信的人做不到的，什么困难是自信的人能战胜而不自信的人战胜不了的，什么局面是自信的人能面对而不自信的人面对不了的？想清楚了，你就会发现自信的力量是如此之大，而如果你是一个自信的人，你就拥有了处理这一切事情的勇气。

无论如何，别看不起自己

在工作的过程中，不管发生什么事情，都不要看不起自己。请把这句话当成一个坚定不移的信念。永远不要抛弃自己，永远对自己说：我想成为这样的人，我想要一切梦想成真，眼前的阻碍影响不了我！

从此刻开始，对自己有信心吧，请相信前方一定有理想的成绩在等着你，因为你有能胜任的实力。

好心情使工作更加顺利

人活着，只要开心就好。每天有个好心情，便是工作的钟灵之气，能让工作神韵流动，充满诗情画意；每天有个好心情，便能用一颗平常心对待一切挫折，让每一个平淡的任务、每一段散乱的事情鲜活起来，亮丽起来；每天有个好心情，便拥有了一支神来之笔，无须重彩浓抹，只要轻轻一点，便能让心胸豁然明朗，从容地在工作中展示自己的特色。

常常微笑着面对生活中的一切，让自己拥有好心情、时时快乐，你的职场之路一定是从容而快乐的旅程。有了好心情，就有了从容面对工作的可能，有了创造与众不同的事业的基础，因为此时事业对你来说就像是一种艺术，仿佛风行水上，随意而从容；亦像一种修养，仿佛露水立于荷上，晶莹而透明。

是的，没有人可以决定你快乐或者不快乐，所有的感觉全在于你自己，在于你选择一种什么样的心态去面对。把好心情送给自己，就会给自己一份从容，无论面对的是困难还是成功。有了困难，给自己一个好心情，让自己别逃避，学会从容而努力地在逆境中寻求解决方案；有了成功，给自己一个好心情，让自己别骄傲，学会从容而淡定地在喜悦中寻找发展机遇。

要修炼出完美的职场好性格，第一点也是最重要的一点就是对于职场同事都抱持着一个非评判性态度。这就是说，看待一个同事，要根据他或她此刻所提供的一切，而不是根据其他人认为可能在过去曾发生过的事(来自谣传的所有闲聊和批评)。

以这样的态度看待人，能让你更加有礼貌，而且懂得尊重人，从而得到更多的关心和支持，发展出更多的良性人际关系。感觉敏锐、善于洞察到他人处境并善于去帮助其他人的女人是非常值得称赞的。以换位思考来观察其他人，并以真诚的心帮助他人，能让同事更容易接近你、了解你，让你更容易开展工作。

培养真正的诚实是女人要拥有的特质，这其中包括对于一个人自己的感

受和意图要诚实，能清楚而精确地表达出目标，没有欺骗、假装及伪善，私底下的个人本质和公开的人格一样，是自然而真实、热情而衷心的。真诚的女人，往往能以最小的努力来获得支持和帮助，因为真诚的心足以温暖周围人，让他们自愿合作，共同进步。

有风度的女人能负起个人的责任，直接处理自己职责范围内的问题，并直接和最有关系的人接触，遇到问题不会拖延处理，总是尽快地使自己挪出时间来，不会找借口说“我会尽快解决”，而是直接给出解决的时间。这样的女人做事效率通常是极高的，也是最容易获得提拔的。

良好的表达能力是实现顺畅沟通的必要条件，拥有这类特质的女人往往个性鲜明、性格活泼、开放而率直，同时，亦拥有良好的自我控制能力，能随时衡量个人在他人面前表达的效果，让自己的表达既能彰显力量，又不至于惹人反感。

愿意分享的女人，都十分愿意分享个人感觉和意见，使周围人感到她更加胜任，是完成这个项目的不二人选。当然，分享的过程中，你要注意自己语调、眼睛接触、脸部表情、得体的握手等细节，以取得事半功倍的效果。

奔放的女人乐于用自己的能力去影响和说服其他人，让其他人印象深刻；乐于参与其中，以自己的力量推动事情的发展；乐于满足具体的结果，利用并享受每一刻工作时间，让周围所有的人都感到工作的快乐和高效的成就感。

拥有自信这一特质的女人能安心于自己的角色，也会鼓励自己和其他人深入挖掘个人资源，冒更大的险，以完成工作，获得更大的成就。

诚如“你的热情就像一把火，温暖了我的心窝……”所唱，热情的女人给人以浓烈而快节奏的感受，能手舞足蹈、笑口常开、神采飞扬地调动起周围同事的激情，有助于同事们解决工作、生活上的问题，让其体验到生活的阳光，感受到精神的力量。热情奔放是年轻人珍贵的情商，像一块磁石，能把同事、朋友牢牢吸引在身边，无论知识、钱财还是势力都比不上它。

在职场中，无论是身处顺境还是逆境，我们拥有一份好心情，就拥有了

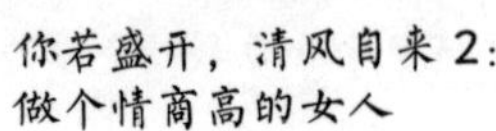

从容之心、立身之地，拥有了前进的动力、拼搏的利器。没有好心情，我们就品尝不到多彩生活的酸甜苦辣；就体会不到“山重水复疑无路，柳暗花明又一村”的奇妙感觉。在为事业拼搏的历程中，没有过不去的河、跨不过的沟，所以，在前行的路途里，不断地调整自己的心态，给自己一个好心情，才能让自己从容地度过每一天，淡定地去实现自己的目标！

职场中要有一颗坚韧强大的心

想成长为一个卓越的职场人士，女人一定要为自己的职业生涯设定出长期、短期目标。一般说来，需用确立的职业目标可分为三种：达成目标——指何时要考取什么资格、执照，何时升职之类；向上成长目标——是指追求比现在还要好的目标，譬如你的心态、人格、性格、领导力、人际关系等，这个目标并没有所谓的终点，而是要不断精益求精，孜孜追求；经验目标——将你从入职之初亲身的历练放在很重要的位置，再依此设定目标，因为人都是靠阅历和经验来完成自身的成长和蜕变的，所以，想要成长为什么样的人物，就需要积累什么样的经验。

若你以此为目标，就会争取到更多练习的机会，最后让自己成为这样的人。记住，设立这类目标要明确，不能好高骛远。在你调整心态时，可以针对“5W－H”好好思考一些问题，并且将所想到的所有答案全部记录下来，这样，你才能对这个工作了解充分，才能调整好心态承担工作。

曾经热播的电视剧《丑女无敌》讲的是：一个刚踏入社会的年轻女孩叫林无敌，她长得并不漂亮，但学历很高。曾经去十几家公司应聘，可都被以各种理由拒绝了。功夫不负有心人，终于有一天，她得到了一份工作，同时也很珍惜这个机会。

无敌给同事们的第一印象简直是难以接受，但是和无敌相处得越久，同事们就越能发觉无敌内在的魅力。在工作中，无敌也遇到了很多的挫折，但

她常常鼓励自己：要坚韧不拔，不能放弃。渐渐地，她变得非常有自信，工作效率也很高，能力强，而且品质高尚。很快，她得到了上司的器重和同事的认可。

这个电视剧告诉女人们：首先，要做一个品质高尚的人；其次，要不辞辛苦、好好工作；再次，要有良好的修养，胸怀宽阔，懂得谦让和包容；最后，要坚韧不拔，不怕困难和挑战，要有越挫越勇的执着动力和踏实沉稳遇事不惊的良好心态。这样才能征服上司和同事，完美蜕变成职场的无敌战士。

人生在世，不可能事事顺心，对女人而言，若你有坚韧不拔的心态做支撑的话，便能拥有更良好的精神状态，继而改变自己的职场命运。

成功时，我们不能因过度喜悦而醉倒；失败时，我们亦不能灰心丧气、怨天尤人。面对“山重水复疑无路”的困境，唯有坚韧不拔，持之以恒，才能有信心去克服一切困难，觅到“柳暗花明又一村”的美景。女人想改变自己的命运，重塑自己的心态，就要坚韧不拔、毫不妥协地向着心中的目标前行，这样，才能所向披靡，掀开崭新的未来，成为职场的无敌战士！

奖罚员工要掌握分寸

批评是推动工作的武器，也是我们在工作中经常使用的行之有效的一种管理方法，作为一个管理者，如何批评下属是一门很高深的人事艺术，能否利用好批评的力量，将直接关系到批评的效果，关系到我们未来的工作成效及发展。所以我们要利用好批评的力量，以此来管理好自己的下属。那么我们在批评时要注意些什么呢？

不应在公开场合批评下属，私下与下属认真详谈，将批评温和地进行下去。同时，要谨慎选择批评的时机及地点，如避免有时间限制，如果知道下属5点半，必须接小孩下课，就不要在4点找他谈话。批评下属必须是客观的，否则引起下属的自我防卫和反击，不利于日后的管理。

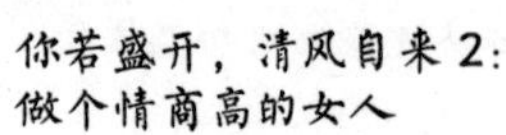

批评需要果断，即使是下属在我们面前掉下眼泪，我们的态度也仍然要坚定，当然果断的批评也要讲究人情味。

批评开始前，要清楚地知道自己批评的起因是什么，不要告诉下属这些批评的内容是从别人那听说的，因为知道下属的工作表现是我们身为上司的职责。先准备好批评的重点，清楚说明来龙去脉，必要时包括日期、时间等明确细节。不要让下属觉得我们只是一时的情绪不佳，扎实的证据会让下属心服口服。但要记住，虽然我们有充分准备，但也不要逐条宣读，不要赶着说完，也不要刻意淡化问题。

在批评时，不要说：“如果是我的话，我才不会犯这种错误。”这种说法暗示了我们自以为没有缺点，下属显然不会心服口服。相反地，我们可以试着说：“如果我是你，可能也会这样做，但是下次你要更加小心。”设身处地地了解下属的处境，才可能使批评产生更大的正面影响。

面对个性强烈的下属，我们在批评时，要特别注意自己的身体语言，不要流露出自己的迟疑、害怕或紧张的感觉，也不需要跟下属道歉。因为这些态度只会让情况更难堪，更有可能导致下属不做改变。在批评时保持中立、紧守立场是非常重要的。

如果下属的错误很明显，并且已经预料到会遭到批评，那我们的批评就可以轻一些，但不要因此完全不提。对于这类下属所犯的错误，如果我们贴心斟酌，只点出事情的严重性，会让下属产生感谢之情，成为他愿意改进的动力，日后他也不会再犯同样的错误了。

批评下属时，不要期待他们会完全同意。即使证据确凿，许多下属还是表示自己是无辜的，很少有人在面对批评时，会愿意完全坦承过错，所以我们也不要有不切实际的期望，以为下属会完全同意批评的内容，日后照你的旨意行事。

与下属沟通好，才能让我们的工作得到完美的开展，我们的能力才能得到全面的展现，所以我们一定要注意批评下属的方式方法，以令所有人共同进步。

不随意揣测上司的想法

不管你是有幸找到了自己喜欢的工作，还是可惜地进入了并不如意的岗位，你都需要同上司建立良好的关系。只有与上司关系融洽，你才会获得更多升迁、加薪的机会，你的工作才会更加顺利。

要得到上司的关注，我们就需要了解上司的心思，但别自作聪明地妄图猜透上司的心思。每个人都有自己的价值观，这些价值观不太能妥协，也不容易改变，决定着我们的思想和行为准则。

比如有的上司比较有时间观念，如果你迟到了，其会对你的印象大打折扣；有的上司看中办事效率，如果你做事情拖拖拉拉，也会影响他对你的看法；有的上司能将心比心，所以有什么困难不妨对其坦诚相告……

总之，要通过平时行为和同事之间的讨论了解上司的价值观，并据此改善和调整自己的工作习惯。

平时工作时，要留心观察什么事会让上司高兴？什么事会让上司生气？什么事会让上司苦苦思考？什么事情会让上司压力重重？比如，同事告诉你上司晚上的工作效率高，上午时分因为大脑消耗过多，心情容易烦躁，你就不要上午跑去汇报工作了，不妨把工作完成好之后，下午再去汇报，以免产生反效果。

经过仔细观察后，一旦掌握上司的情绪反应，你就知道怎样才能避开“雷区”，缓解上司的心情，以免不慎让上司的情绪雪上加霜，并能据此采取更好的沟通方式让自己的想法得以实现。

若上司讲话时，语速快、呼吸急，并常用视觉词汇，如“看”等，就说明你的上司是视觉型的沟通者。所以你向其汇报时，不要光用口头表达，更要准备一份完整而细致的书面报告以备其事后阅读。同时，适当加快你的说话速度，以提升你的沟通效率，让其认为你是个办事效率高、雷厉风行的得力助手。

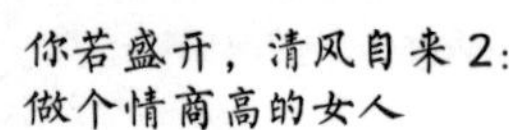

若是上司讲话时说话速度适中，语调温和，并常用听觉词汇，如“听”等，就说明你的上司是听觉型的沟通者。面对这样的上司，条理分明、用词恰当的口头表达是最佳的沟通方式，尤其是当你临场表现落落大方时，印象分便会大大增加。

若上司讲话时，语速缓慢，呼吸深长，并常用感觉类词汇，如“感觉”“掌握”等，就说明你的上司是感觉型沟通者。面对这样的上司，你在谈话时候，要注意培养谈话的氛围，要把握谈话的尺度、说话的语调，让其感觉舒服。

每个人喜欢的沟通方式都是不同的，上司也不例外，因此我们要了解上司喜欢的沟通方式。介绍女人们一些同上司建立良好关系的秘诀：

（1）了解上司喜欢关注的焦点。了解上司喜欢关注的焦点，并加以剖析，才能让你在谈话时对症下药，或提出合适的反对意见，以让其觉得你并非吹嘘拍马之人，而是对事物考虑周全严密的可造之才。

（2）提出观点前，先扪心自问这个想法能给上司带来什么意义、好处、改变，如果你的想法能符合上司的工作重点和发展方向，自然能得到其关注和赏识。

（3）多做事情，少说话。在下保证之前，多做事情，少说话，不要只要嘴皮子功夫。同时，在向上司作出承诺时，不要随便夸夸其谈，将目标设得太高，相反，设定得稍微保守一点，一旦你最后完成的结果超越了目标，上司便会对你另眼相看，更加重视了。

（4）凡事不要只提及问题与难处。同上司沟通工作时，不要总提及问题和难处，每个上司都喜欢能解决问题的下属，而不是经常抱怨的部下。

（5）带着可能的解决方式求助上司。当遇到工作“瓶颈”时，请带着可能的解决方式求助上司，这既使在上司面前展示你问题解决能力，又能让上司看到你有责任、会思考的一面。

（6）及时询问反馈意见。处理完工作，及时向上司寻求反馈意见，当然，这个尺度和时间的把握就要因上司而异了。

亲和力帮助你更顺利地沟通

亲和力是职场女人必备的沟通态度，简单说就是，个人的形体上具有一种力量，能让周围的人感觉你很和蔼。这是不受到职位、权威等约束而真挚流露出的一种情感力量。

人际关系微妙的职场中，上下级、同事间及时沟通相当重要，如此才能使工作得以顺利完成。如果你给人高高在上的感觉，缺少亲和力，则无法和同事及时沟通和交流，难以开展本职工作，甚至会流失掉许多发展前途。

良好的亲和力不但能帮你建立和谐的工作环境，润滑身边的人际关系，让你获得更多友情，感受到人与人之间的关爱和温暖，还能让你经常保持愉快的心情，储存更多的人际资源，勇于面对各种挑战，收获意想不到的前途和机会。当然想做一个有亲和力的女人，也要把握一定的尺度，万事不可做得太过，月盈则亏。在你努力保持亲和力时，也要坚守自己的原则，错误的事一定不要委屈自己去做。

大学毕业后，悦进入一家公司的策划部。刚入职时，部长对新人说："公司要做个全国促销方案的策划，时间是一周，董事长要亲自过目。大家都是年轻人，好好抓住这个机会。"冥思苦想之后，她决定在策划方案的数量上超过他人。在规定的时间里，她将4份文案交给了部长。几天后，部长转告她，董室长要她去他办公室。

"坐，小姑娘，我有个故事要讲给你听。"刚进房间，董事长便对悦说，"你的4个策划案我看了，也看出你尽了100%的努力。但你忘了，当你把100%的努力投入到4个策划案中的时候，每个方案你只有25%的努力；而你把100%的努力投入到一个策划案的时候，你得到的是一个100%的策划案！数量只是一个标志，质量才是根本，我要的是精品，而不要庸作，哪怕你有再多。"

通过这样一番谈话，悦既认识到了自己的问题，又觉得董事长和蔼可

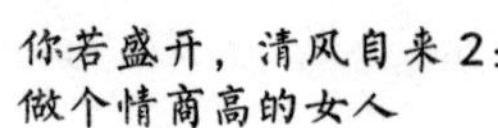

亲。于是，便更加用心地工作起来。两年后她成了公司的策划部主任，而她也经常对下属灌输董事长的话。后来她由策划部调到经营部。这一年，公司董事会决定，由现任中层各自率领自己的团队开展为期一年的工作，自负盈亏。很快，公司将分管的城市名单分配下来，悦看到分到自己手里的几个城市，全是偏远不发达地区，明摆着为难自己。隔天，悦向公司递交了辞职申请，董事长再次把她叫进了办公室。

“盘子里有3块西瓜，一块300克，另两块均200克，你要哪块？”“我要大的，要300克的。”她赌气地说。“好！那我要200克的，我们一起吃，我的相对小些，所以我先吃完，那么盘里剩下的应该给我吧。你刚才赌气要大的，想占便宜，但是结果呢？我吃小的吃了亏，但是两块可是400克呀，比你要占便宜呀！同样，你并没有了解那些城市的本质，为什么就断定那里没有市场前景呢？表面的东西可以迷惑人，但是一个成功的商人不会被表面的大小好坏迷惑，市场是做出来的，不分大小好坏的。这是你的辞职信，你可以选择重新递交或者收回。”

董事长又一次用他的亲和力打动了悦，让她有勇气继续挑战自我。在悦被破格提升为公司高级管理人员的当天，董事长在办公室给她讲了第三个故事：“在一个仓库里，几个人把一块手表掉了，大家竭力寻找，却怎么也找不到，后来……”她没想到的是这样一个老掉牙的故事，就插言道：“后来一个小孩趁这几个人休息的时候来到仓库，趴在地下，找到了那个手表，因为他用耳朵听到手表嘀嗒嘀嗒的声音。”“很好，看来你听过这个故事，但是你明白这个故事吗？”“当然知道，就是要我们学会倾听，倾听可以发现许多意想不到的事情！”“没错，但是你在倾听我说吗？姑娘，自信是商人成功的标志，但自信和自负是不同的。你现在是公司的高级管理人员，如果你不去倾听来自员工的话，你将和市场脱节，懂吗？”

从此，这些故事一直跟随着她，董事长正是用自己的言传身教，教会了悦营造亲和力。

凡事切勿自轻自贱，跟同事、上司交往，总怕被别人笑话，总赔着小

心，总说自己不如人，这样不但不能建立起你亲切的印象，反而会让人慢慢地远离你。亲和力是一门职场沟通能力，不足或太过都会导致不良后果，而如何把握这个度，就需要我们在职场中慢慢摸索、锻炼，如此才能游刃有余，让亲和力成为你有效沟通的法宝和你成功的背后推手！

每个人的思维都不相同，工作中意见相左很正常，如何平心静气地探讨问题，谋求彼此合作，寻找到最佳解决方案，直至达成共识，是你不断适应职场的过程，也是心态不断成熟的过程。

笑容是展示亲和力的最佳方式。经常微笑不仅能够展示自信，也向上司和同事传递了一个积极的心态。喜欢微笑的女人在职场上获得成功的机会总是比其他人多，所以，学会微笑，能帮你尽快成功。

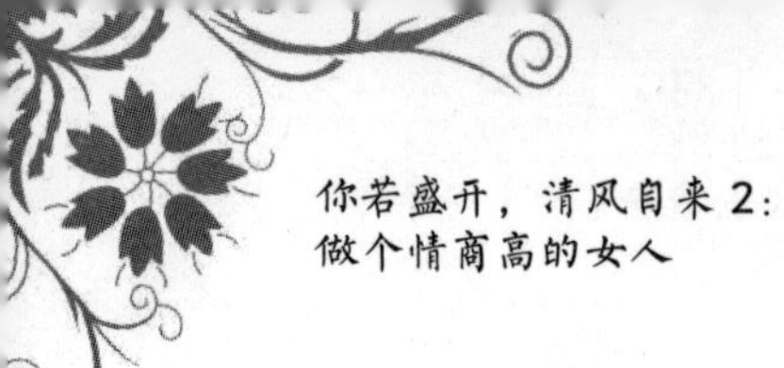

第7章　婚恋情商，女人更喜欢温馨甜蜜的生活

幸福的婚姻要保持健康的心态

如何描绘你的婚姻生活，是如意还是不满，全在于你的心态。快乐就是一种阳光心态，女人离开了快乐的滋润，婚姻之河将毫无色彩可言。婚姻对女人而言，不仅意味着浪漫与甜蜜，还意味着付出与牺牲、责任与义务、坷绊与碰撞、甘甜与苦难、容忍与尊重。

做快乐的女人，并不需要一切东西都是最好的，只要能满足于自己已有的一切就足够了；做快乐的女人，并不需要生命中的一切都一帆风顺，只要能用积极的心态去对待生活，一切就足够了。

婚姻生活是可以由自身主观努力去把握和调控的，女人有什么样的心态，就会有什么样的生活和命运，而快乐的心态就是调控和谐婚姻的控制塔。当你快乐的时候，你就拥有整个世界；当你苦恼的时候，你就失去了整个世界。试着做个快乐的阳光女人，为自己的婚姻勾勒最美的景致吧。

婚姻中总会有各种各样的事情发生，我们都无法预料明天会发生什么，但女人可以用快乐的心态做人生的指挥官，相信自己才是婚姻的主宰。金钱的多少往往并不能衡量婚姻的质量，而对婚姻的心态却能改变生活的走向。

无论一个女人多么有能力，如果缺乏快乐的心态，就不可能有如意可言。快乐的心态产生的能量是巨大的，有了它，女人就能把握住自己的婚姻，尽享幸福。拥有了快乐心态的女人，才能承受婚姻中的种种压力，并有勇气挑战各种困难和挫折；拥有快乐心态的女人，才能让痛苦和烦恼远离自己，感受恬静婚姻中温馨爱情。

婚姻是女人人生中极其重复的部分，面对神圣的婚姻殿堂，我们要静静地思考，细细地品味，在淡然豁达中享受婚姻生活，让自己活得精致而有意义，将家庭经营得融洽而和谐。所谓“性格决定命运，心态决定姿态”，可见婚姻的质量首先取决于你自己的心态，不同的心态就会有不同的表现。

一个女人的婚姻是否幸福，不能看她所享受的物质状况，因为有钱的不一定就觉得幸福，而经济条件不好的未必会觉得不幸福，我们的欢乐与痛苦，其实都是自己的心态所造成的。只要我们的心是快乐的，我们周遭的一切就充满了朝气和激情。懂得快乐生活的女人，就应该在婚姻中保持一个阳光心态。无论婚姻生活中遭遇了怎样的不幸、艰难，都要保持一种快乐的心态：感谢上苍让你在人世轮回里遇见这个“十年修得同船渡，百年才能修得共枕眠”的丈夫。

女人有了快乐的心态，就有了战胜失败和挫折的勇气与信念；女人有了快乐心态，就有了健康的精神与兴趣；女人有了快乐的心态，就有了永远保持魅力的资本；女人有了快乐的心态，就有了婚姻和谐、人生幸福的宝典！婚姻中有晴天丽日，也难免阴雨霏霏，但有了快乐心态就可以超越恐惧、自卑、胆怯、气馁，充满自信、乐观地面对一切！

稳定的婚姻要两个人兴趣相投

恋爱可以是单方面的，可以无偿付出，可以昏天黑地，有情饮水饱。但是，婚姻不同，它是两个人共同的事业，是两个人并肩作战的合作，是两个人

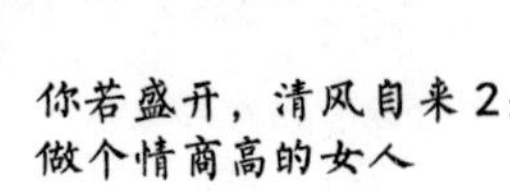

用心经营的成果，是两个人一生无憾的牵手，是两个人志同道合的选择！

女人对婚姻都经历了从憧憬到迷茫再到理智的思考过程，从不否认婚姻中爱情的伟大和纯真，但懂得爱情绝不是婚姻的全部。爱情婚姻的稳定性，是一个现实的问题，也是一个长期的问题，还是一个永恒的问题，而这个问题的答案就是——志同道合！

第一次与丈夫俊相遇，燕正在读大三，而俊在读大二。这时，大三的燕被老师安排到俊所在的系里做辅导员，身为团支书的俊因此有了和燕接触的机会，两个毫不相干的人人生轨迹出现了交叉点。

一次偶然的机会，燕和俊东拉西扯地聊天起来，她发现刚开始他有点紧张，后来，他慢慢放松了下来，两人竟然谈了很长时间。他讲起了他周围的事情，也谈起了人生，她很惊喜地发现他是那么单纯正直，同时，也很诧异他很多观念竟然和自己如出一辙。这次交谈拉近了他们心灵的距离，他们的接触逐渐增多了。他们都意外地发现对方竟然和自己如此志同道合：同样喜欢古诗词，同样喜欢书法音乐，同样喜欢文学写作……就这样，浪漫的爱情开始了。

恋爱后，他们常常结伴出游，旅行时的心情要比眼中的美景更印象深刻。一次，他们坐船回来。深夜里，只听得到水流的声音，这时的船仿佛一个大摇篮，摇得很多人跌入了梦乡。而俊和燕却很清醒，他们悄悄来到了甲板上，披着床单席地而坐，四周一片漆黑，所能看到的就是夜空中闪烁的星星，志同道合的他们就着星空聊起古诗、对起诗词来了，忘我得仿佛世界上只剩下了他们两个人……

一晃几年过去了，结婚便成了顺理成章的事情。有人说，婚姻是爱情的坟墓，但是，他俩却用事实证明了志同道合的爱情能使婚姻历久弥新。他们常常会有心有灵犀的感觉。一天，燕半夜醒来，一时不能入睡，就想起了白天看到的一款手机，觉得真的很漂亮，想着想着，脱口而出了一句："那款手机可真漂亮啊！"她本以为丈夫已经睡着了，可是，没想到俊也笑着说："我也在想那款手机呢，没想到你和我一样！"还有一次，丈夫在外地出差，思念他的燕给他发了一条短信，没想到同时丈夫的短信也来了，原来竟能隔着空间心灵

感应。

如果这样继续下去，那么他们的幸福也和其他家庭的幸福雷同了，可是，他们是一对有着共同梦想的夫妻，为了心中共同的愿望，他们相互影响，相互支持。俊从小就有一个律师梦，这个愿望伴随着年龄的增长愈加强烈，所以，大专学历的他在结婚后报考了法律专业自学考试，因为只有考上了本科，才有资格参加全国司法考试。和他志同道合的燕也和丈夫一起并肩作战，参加法律专业自学考试。刚开始参加自学考试时，他们碰了一鼻子灰，丈夫一门也没通过，而燕也只通过了一门，他们很沮丧，甚至想放弃了。在看到一位朋友报考了5门竟然有4门都通过时，夫妻俩的倔强劲儿就上来了："我们为什么就不可以通过呢？我们一定也行！"于是，他们又互相鼓劲向梦想冲刺。

为了找资料他们常常要逛很多书店，为了准备考试，他们常常在深夜里埋头苦读，困了就拿冷水洗脸。夫妻俩一人一个房间，互不干扰，却也相互勉励。谁能相信已经安定的婚后生活可以过得这样辛苦呢？因为有爱，因为志同道合，他们能一起努力，心反而贴得更近了。终于，他们都顺利通过了法律专业自学考试。自学考试虽然通过了，可一年一度的司法考试还在等着他们。夫妻俩一鼓作气又继续了看书、查资料的学习生涯。经历了一个又一个苦读的夜晚，终于，丈夫通过了司法考试，而燕也成为一名执法人员。

和丈夫志同道合的女人婚后感情能更加深厚，因志同道合而结合的俊和燕就是如此——成为事业上的好战友，生活上的好伴侣，情感上的好榜样，婚后的感情自然是坚不可摧！

志同道合的婚姻，感情基础更加牢固，因为两人能用心经营、求同存异，一切为了爱，为了共同的责任和义务而共同努力，事业上互相支持、互相鼓励，生活上互相关心、互相体帖，情感上互相理解、互相满足，双方的世界观、人生观、价值取向、爱情婚姻观相同，甚至在性格上也有相似或相近之处，能做到优点共勉、缺点相容或包容，有类似的人生经历，共同的奋斗目标或追求上，所以他们的感情牢固坚贞！

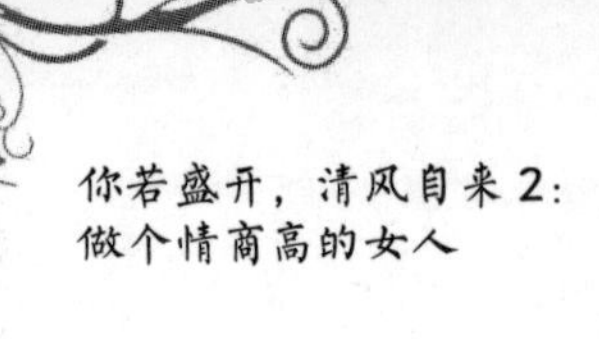

摆脱依赖，筑起温暖的爱巢

学会享受生活是一种能力，也是一种艺术。自己做主，摆脱依赖做自己，才能拥有自己的完美生活，享受独一无二的爱情。依赖是相对于自立而言的，依赖思想太强则意味着自我的弱化和独立的丧失。

可以说依赖对于女人来说是一个陷阱，一旦掉入这个陷阱，便难以自拔。诚然，恋爱、婚姻是一个相互依赖的过程。

“玉珠，我都快郁闷死了，刚才妈又来电话催了，今年再嫁不出去我就去出家当尼姑了……” 王敏和闺房密友玉珠的谈话，大多数的话题都是讨论玉珠现在的男朋友怎么样，或是如何帮她找男朋友确定终身大事。王敏看着品着茶一脸无奈落寞的玉珠，一时间也不知道该说什么好。三十出头的玉珠是那么优秀靓丽，怎么就那么难找对象呢？

“上次给你介绍那个博士，不是挺不错的吗？能不能别那么挑啊？”

“哪里是我挑啊？将就吧，关键是我看人家根本没有处对象的意思啊。”

“怎么会呢？我打电话问问。”王敏的一通电话下来，她只有“嗯”“啊”的份儿，因为博士太能总结和归纳了，没有给她插话的机会。博士只是举了几个很平常普通的相处细节，就用一句话总结了他们不合适的症结所在——玉珠太依赖人了！

每个恋爱、婚姻中的女人都会面临这样两难的困境：只有相互依偎在一起，才能感觉到爱情的甜蜜；但如果靠得太近，又担心有一天会被伤得很深——这是每个恋爱、婚姻中的女人都会面临的两难困境。

一旦依赖太深，我们的生活便会变得不再像从前般单纯、快乐，你会时刻感觉到你的生活中不能没有他：马桶坏了不去打物业的维修电话，而是请求他的帮助；灯泡闪坏了不去自己搭凳子来换，而是寻求他的援手；一个人不敢在雷电交加的夜里睡觉，而是渴望他的保护；一个人不愿在厨房忙活烧菜，而

是希望他的陪伴；一个人不想独自无聊地看电视，而是期待他的情话……

琳琳的丈夫学历较高，工作很好，有较高的薪酬，而她自己的工作是护士，他们结婚5年，琳琳给丈夫生了3个孩子。在做母亲后，琳琳便把工作辞掉了，她的角色是家庭主妇及母亲，她需要操持家务，照顾孩子与丈夫。随着时间的流逝，琳琳越来越依赖她的丈夫。

这时，丈夫的工作显得非常重要，因为家庭的维持全靠他，他的成功即是琳琳的成功，也是家庭的成功。他是这个家的中心，琳琳看着他，孩子也看着他。琳琳所做的一切都是为了他，为了他们的孩子，一旦丈夫工作上出了问题，琳琳也就有了问题。

渐渐地，琳琳接受了这种关系，因为这是她所熟知的生活方式：她的婚姻就是以她父母以及她成长时所看到别人的婚姻为蓝本的。慢慢地，她对丈夫的依赖取代了她以往对父母的依赖。同样，她丈夫也希望琳琳温柔、体贴，因此，两人都得到了他们所寻求的东西。又过了七八年，他们的婚姻危机爆发了。琳琳开始感到束缚，不被重视，因为她未能做出更多的事，没有成就感。而丈夫却越来越光鲜照人，事业有成。

善良的丈夫便鼓励琳琳去做她想要做的，更自信些，主宰自己的生活，不要为自己感到遗憾，也不要只为他和孩子活着。这些与她当年结婚时所想的有了冲突。丈夫对琳琳说："如果你想出去工作，为什么不去找呢？也可以再回到学校去进修啊。"随后，琳琳遵循自己的想法和丈夫的意见，重新开始经营起了自己喜欢的工作，在她逐渐摆脱对丈夫的依赖后，生活和家庭也变得更加和谐了。

婚姻中女人难免形成依赖丈夫的状况。这种现象的产生，一是由于女人在小时候的家庭中养成的这种依赖心理，恋爱、结婚后，对父母的依赖自然而然地转为对丈夫的依赖；二是由于女人在现代社会中依然处于相对较弱的地位，所以在结婚后丈夫便成了靠山。即使她们在工作中争强好胜，但她们在生活中依然想找一个停泊的港湾，琳琳就是如此。从心理上说，要脱离心理上的安乐窝是艰难的，依赖这一毒素会以各种各样的方式侵入生活，让更多女人在依赖中得到满足，因此，依赖往往难以戒除。

琳琳能摆脱这种依赖，则来源于对心理独立的不断认识：学会自己做主，不再勉强自己去迁就各种情面或关系、做自己不愿做的事、跟着丈夫走亦步亦趋等，学会自己积极思考，独立自主地决定自己的事情。

女人学会自己做主、心理上独立便无须再依赖别人，但不再依赖他人并非是不需要。依赖与需要是两回事。心理上的依赖，说明你有一种情绪，无论你做什么事，你都想看看他，你自己没胆量、没信心去做，如果他不在身边，你便会感到无助，茫然不知所措。而心理上的需要，是指你有一种交往上的需要。

在生活中，学会自己做主，你才能明白爱情的理解与关心，完善你的人格，让你的品质得到塑造，境界得到升华，如此，你的人生才能更加充实、丰富而有意义！

智慧地对待婚姻，挖掘婚姻的奥秘

幸福的男人常常会说："我妻子特别'好'，我全是靠她培养的，所以'好女人是一所学校'是非常正确的。"女人如果聪明、心细、心灵美好，家庭则容易经营得好。幸福的婚姻都是一样的，其中的奥秘就在于适当地加入一些爱情的调味品。

女人的恋爱、婚姻如水一般，究竟是清澈见底还是混沌不堪，全靠婚姻中的自己；女人的恋爱、婚姻如城堡一般，究竟是宽敞温馨还是狭小憋屈，全靠婚姻中的自己；女人的恋爱、婚姻如一支舞，究竟是优雅翩翩还是步伐零乱，全靠婚姻中的自己。

婉婉的朋友军长得挺帅的，起初婉婉就暗恋上了军，但一直没有表达出自己的感情，只是默默地关心着他。时间长了，军渐渐感觉到婉婉在一直关心着自己，直到某天，他意识到：没有了婉婉的关心生活好像没有了意义。因为

军是一个内向的人，自从跟婉婉相处后，军觉得自己像换了一个人。自己的交际广了，朋友多了，生活充满了阳光。

随着时间的流逝，两人的交往也慢慢成熟了，再加上两个人都到了谈婚论嫁的年龄，于是，军选择了婉婉。“虽然婉婉不算漂亮，但是我想她能带给我真实的生活。”这是军内心的独白。当婉婉问军：“你为什么不选择比我更漂亮的女孩呢？”军回答说：“漂亮的外表是经不起时间的摧残的，假如你老了，我不喜欢你了怎么办呀，我要的是现实中的现实，不是虚无的东西。我想珍藏的是你那颗美丽的心。”后来，军跟婉婉携手走进了婚姻的殿堂。

婚后的生活跟军的预料是一样的。生活中的婉婉是一个非常懂得经营爱情的人，都说婚姻是爱情的坟墓，军却浑然不觉，婉婉用自己美好的心灵、聪明的智慧把两个人的感情经营得很好。尽管家庭生活中也有一些不开心的事情，但是婉婉常能用巧妙的方式合理处理，不仅不会伤害对方，而且给生活增添了不少乐趣……

当你与心爱的人牵手一生，享受美满的快乐时，一定要更真心地为对方考虑，营造更浓厚的幸福！婚姻是一个大花园，而你就是其中的园丁，你的宽容、善良就是照射在花园里的丝丝阳光，滴落在花朵上的滴滴雨露，能让你“培养”出疼你、爱你、呵护你的好老公，为你的家庭、婚姻保鲜，注入长久的生命力。

要知道，婚姻不是爱情的坟墓，而是爱情的升华，如何使婚姻时时处在保鲜状态，使家庭在幸福的轨道运行，其中的奥秘很简单，运用你的聪明和智慧就好。婚姻不是相互改造，而是相互磨合，女人要学会换位思考，经常站在对方的角度考虑问题，这样才能和平相处、彼此信任。当爱情最初的激情过去，婚姻所需要的是一如既往的翻新，不断激发新的火花，让出人意料的惊喜来延续美，让彼此恰当的距离产生美，让日益弥坚的信任巩固美，让心有灵犀的理解滋润美。

总而言之，女人只要能用浪漫、体贴的情怀对待婚姻，用欣赏的眼光看待丈夫，并且能把自己的爱意用合适的情话说出来，或用亲昵的举动表达出

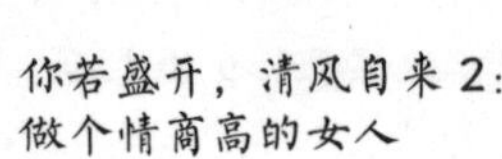

来，相信长此以往，拥有幸福美满的婚姻也就是顺理成章的事了。

幸福的婚姻要保持好的心态

“看这对儿多幸福！”女人们常常赞叹他人的婚姻幸福。其实幸福的婚姻不是凭空而来的，而是需要不断调整心态、不断学习的。只有我们知道自己婚姻的优势在哪，问题在哪，也只有我们能尝试采用积极的方式进一步发展优势，尽量解决问题。

围城之初，一切都很美，岁月流逝，一切却淡漠了。身处围城之中，很多事情都不是我们自己能决定的，既然你无法改变自己的丈夫，那不如改变自己对这件事情的态度，保持一个好的心态，努力让自己拥有一份好的心情；心情好了，自然看一切都顺眼，做一切都顺心，正所谓“境由心生”，如果你每天都能保持一份好心情，那么，你眼中看到的将会是鲜花和美景，属于你的婚姻生活也会变得快乐而美满！学会调整心态才能不断唤醒沉睡的记忆，重温曾经的美好，为婚姻升温！

小敏从来不吃葱、姜、辣椒，一吃就难受。但是，每次炒菜之前，她总要先切上一碟辣椒，然后用姜丝拌蒜泥，再浇上半勺滚烫的花生油，因为这是丈夫喜欢吃的。小敏很乐意做这一切，甚至把它当成一种享受。当然，她有时也会发发牢骚：“你就知道吃，我为你做了半辈子的保姆，什么时候你能做一顿像样的饭菜给我吃呢？”丈夫总是呵呵一笑说：“你做的饭菜是最香的，别人做的我还不吃呢！”

小敏想想也是，这么多年，丈夫都非常爱自己，这样一想，小敏的心态便调整过来了。一次小敏生病了，丈夫急得眼睛都红了，拉着她的手不停地问：“你想吃什么，我帮你弄去。”小敏笑笑说：“你会弄吗？”“我会，我这就去。”说着丈夫就走进了厨房，本想给女人煮碗热腾腾的鸡蛋面，可是手背上被油溅了几个红点不说，面还煮糊了，尝了一下，味道也不对。丈夫只

好悄悄下楼到对面餐馆买了一碗牛肉面，小心翼翼地端到床前，低着头对小敏说："不是我自己做的，我做不好……"小敏的泪花已经在眼里打转，她说："你有这个心就够了。"

小敏的身体康复后，他们又恢复了以往的日子。每天饭前小敏还是会雷打不动地准备一份姜丝辣椒。

多年如一日，做丈夫喜欢吃的菜谈何容易，小敏也有怨言，但她贵在能主动调节心态。其实要让婚姻幸福并不如想象中那么难，只要我们用一点点心，能调整心态多为对方着想，让对方感受你对他的重视和关爱，那婚姻就能幸福和谐地走下去。小敏和丈夫就是这样一对平凡的夫妻，但他们之间的温情就足已暖透人心。

成功的婚姻不是偶然的，女人切不可把婚姻中的一切视为理所当然，也不要认为婚姻就是"从此王子和公主过上了幸福的日子"，如果这样去想，婚姻一定会让我们失望。幸福不是从天上掉下，而是先由我们付出，经过精心培育，才能收获你想要的爱。

婚姻是需要两个人共同来经营、呵护的，两个人在一起，当恋爱的激情褪去之后，以后的漫长岁月就更需要心的细致和体贴了。婚姻尤如一艘航行在浩瀚大海的航船，当船触礁时，遇险的绝不仅仅是某一个人，而是整个家庭。

晓霞的丈夫是一个节目主持人，人长得帅，又有口才，很多女人喜欢着他。而晓霞却是一个普通的女人，他们结婚3年了，他越来越红，她还是从前的样子。晓霞知道丈夫是靠嗓子吃饭的，在他去上班的时候，她一个人在家，就给他剥莲子，把莲子里小小的心抽出来，然后煮成茶给他喝。而丈夫的应酬特别多，甚至连回家和她吃饭的时候都很少。后来，丈夫有了隐情，和一个女人好了，常常夜不归宿。

晓霞没有和丈夫争吵，还是默默为他剥莲子心，把细细长长的心剥出来，已经剥了一包，放在茶几上。有一次丈夫回家拿东西，看到她在屋里坐着，没有开灯。他开了灯问："你在干什么？"她在剥莲子，黑着灯也能熟练地剥！丈夫的心瞬间一动，喉咙有些哽咽，但刹那间就掩盖了过去，只是淡淡

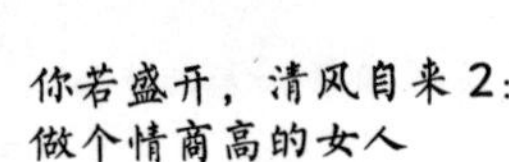

地说：“你能再给我煮一杯莲子茶吗？”

晓霞欣喜若狂，赶紧煮来一杯。望着袅袅升起的白烟，丈夫的眼睛湿了，但他还是走了。下楼的时候晓霞追过来，他停住，皱着眉头，以为她要死缠烂打，或者骂他。但晓霞只递给他一包东西，是她剥好的莲子心，她说：“不要忘了，多喝对你嗓子才好，你还指着嗓子吃饭呢。”此时的丈夫已经有些悔意了，但不愿回头让她看到，毅然地离开了。那天晚上，他孤独地待在另一个房子里，拿出那包晓霞剥好的莲子心，用滚烫的水为自己沏了一杯。喝一口，苦而涩。再喝一口，那淡淡的苦依然在唇齿之间。第三口，苦后的一阵甘甜，化作百指柔，搅得他的心隐隐作疼。

这清苦的莲子心水，唤起了他对往日的许多回忆，他发觉自己总在以一份追求奢华生活的虚荣心来对待晓霞朴实真挚的情，甚至背叛她、伤害她，然而，晓霞的心却始终没变。

在婚姻中你是飞往天堂还是跌进地狱，全在你自己，善于调整心态才能一次又一次推开幸福大门。

不要企图去改变对方，女人在婚姻中应凡事做到心中有数：调整心态、自爱独立、宽容理解、丰富生活、精心营造。若能做到这些，怎么会不幸福呢！

婚姻幸福是一种感觉，也是女人穷尽一生的追求；婚姻幸福是一种心情，一念之差就能改变女人的一切。两人之间的爱是永远的宽恕，心态是走向幸福的桥梁！

婚姻是爱情的好归宿

“婚姻是爱情的坟墓”，这是一句尽人皆知的名言。但若我们认真思考，便会发现此言差矣。从客观条件出发，婚姻是让你和成长背景、生活习惯、宗教信仰不尽相同的丈夫生活在同一片天空下。你们也许会因为种种差异

而发生争执、矛盾；但同时，你也能从对方身上学到珍惜、理解、包容……怎能轻率地将婚姻视为爱情的坟墓呢！

婚姻是爱情的结晶，是爱情升华的最高境界，婚姻和爱情并不是矛盾的两端。爱情是一种付出，需要回报；婚姻则是责任，而不仅仅是爱情。婚姻中更多的是要用实际行动表达的爱，所以婚姻不是爱情的坟墓，而是爱情的试金石。事实上，婚姻和爱情既是两个不同的概念，又是相互包容的共同体，只有相互融合在一起，才能使你和丈夫共同享受美满的婚姻、完整的爱情。

琴晟跟丈夫在大学校园里认识，交往了6年多，才步入婚姻的殿堂，恋爱时候也分分合合了好几次，但爱情最终战胜了所有困难。琴晟说："就在我们要去登记时，我又犹豫了，6年多的感情，在那一刻突然觉得淡得不见了踪影，莫非我们真的跨进了爱情的坟墓？还是我患了婚前恐惧症？"丈夫在一边安抚她说："的确，我们的爱情淡了，但是我们的感情却不知又深了多少倍，我们的爱情已经在不知不觉中转变成了亲情，是比爱情更亲近的，两个人变成一个人了的亲近。"于是，他们结婚了。结婚后，丈夫对她还像以前那样，只是责任感更强了。丈夫喜欢拿着他们的结婚照点评，其中最喜欢那张他穿中山装、琴晟穿旗袍的照片，因为这样看起来他是家长，是户主，很有权有地位，而琴晟则小鸟依人，很乖。琴晟就不喜欢这张，说丈夫像个封建地主家的老爷，自己像个姨太太。

类似的分歧不止出现在欣赏照片或者看电视什么的，装修房子、买东西都会出现语言战争。但是，丈夫会让着琴晟，因此没有哪次会因为意见相左而真正翻脸。琴晟说："婚姻里，双方要互相尊重、信任，也正是走入了婚姻，我才学会了容忍。老公很多缺点，这些在婚前是没发现的，比如丢三落四，我家的伞是买了丢丢了买，还有手套、围巾，真是到他手里就有去无回了。开始我还发脾气训他一番，后来也懒了，唉，丢都丢了，说又有什么用呢，毕竟丢了还可以再买，真吵伤了感情就难补救了。"如今，他们有了可爱的宝宝，家里更是多了欢笑。丈夫总说琴晟心里只有儿子了，不高兴了，非常吃醋，不过琴晟知道，丈夫心里美着呢。尤其是当别人说儿子长得像他时，真是

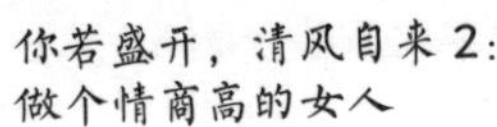

得意忘形。

琴晟自己都说，将婚姻看成爱情的坟墓实则是种悲观的想法。婚姻不是爱情的坟墓，而是一面放大镜，放大了爱情的千疮百孔。有的女人会在婚后小心翼翼地把这些缺陷补好，而有的女人只会不断地制造新的伤痛。婚姻中的爱情是需要经营的，为了给爱情保鲜，我们需要用心去对待丈夫，为丈夫创造一个天堂。

女人如果过份地要求丈夫，牵制丈夫，只会使你的个性丧失，生活中的磕碰频繁，丈夫感觉疲倦。在婚姻中，两个人仍然是独立的，并非占有。明智的女人会知道若即若离、不温不火，既维持整体性又不失去个性，才能够吸引丈夫。切记：丈夫不是物品，更不是笼中之鸟，不要试图改变他、干涉他，否则只会弄巧成拙，让对方想方设法地逃离牢笼。

月结婚不久就惊讶地发现，原来在她心中那个近乎完美的丈夫，其实有很多小毛病，特别是生活习惯上的，说出来，怕他觉得丢了面子；憋在心里，久而久之很难受，常常感到莫名的郁闷和烦躁。有一段时间，丈夫因为工作上的原因，回到家里，对她总是火气不顺，怎么看都不顺眼。其实月能理解，就像她看他不顺眼一样，但还是忍不住憋了一肚子的怨气，想改变他这些毛病。终于有一天，她忍不住，于是开始恶语相向，时间久了难免会伤及感情。

一次偶然的机会，月妈妈打电话来说不舒服，她急着回家看妈妈，可当时正和丈夫处于冷战阶段，所以把心里想说的话给老公发了一封邮件。几天后她发现丈夫回了一封“投诉信”：历数了她总是试图改变他的性格，让他烦躁不堪，同时也说最近心情不好，是因为工作原因，希望和月和好。

此后，月试着调整自己的处理方式，果然和丈夫的关系好了很多。

月的改变促使她的婚姻在幸福的轨道平稳运行开来。确实，婚姻不是相互改造，而是相互适应。

从恋爱到步入婚姻的殿堂，再携手走向银婚金婚，注定会经历一系列的观念变化，这是你们两个人不断走向成熟的心路历程。恋爱是浪漫的、梦幻的，而婚姻是现实的、质朴的。

经营得当的婚姻绝不是爱情的坟墓，而会给予你充实感、安全感、满足感、舒适感，是一种稳固、愉悦的互补关系，如潺潺流水般记录着你的幸福安宁，是两个人的幸福天堂！

婚姻生活需要保留神秘感

即使再亲密，作为女人也不需要把心中任何感受和所有想法都逐一向对方倾诉。把所有想法都告诉丈夫事实上是一种不负责任的做法，确实，这样做你减轻了自己的压力，而把压力转嫁给了丈夫。美好的婚姻如一碗汤水，需要诚实的滋养，但聪明的女人知道诚实与透明是不同的。透明是毫无隐私，而诚实是尊重对方，同时有所保留。

女人的婚姻如养鱼，所谓水至清则无鱼。婚姻同样如是，你和丈夫之间应该有意保持一点距离与神秘感，拥有自己的隐私。面对生活中的点点滴滴，你若把自己过去的遭遇和不快告诉丈夫或带到你们每天的新生活中，无论当时丈夫能否接受，都会留有有形或无形的伤害，要知道，爱情的世界是容不下一粒沙子的。

女人有自我和自信，才能真正享受美好的爱情婚姻生活。婚姻中，你和丈夫应该同心同德，拥有共同的兴趣，追求共同的利益。但是，这种亲密无间的夫妻关系并不等于没有自我，你们仍然是两个独立成熟的个体，可以为自己负责，也可以为对方负责。

学会保留自我，才能使两个人生活得更加独立、更加快乐。婚姻中，你和丈夫应该是两个交叉的圆，交叉的部分是彼此分享；未交叉的部分，就留给彼此独自成长，回味体会。

王茹22岁大学毕业后就结婚了，因为太爱丈夫，所以结婚时丈夫一贫如洗，两个人还要和婆婆住在一起，她也丝毫没有介意。结婚后，王茹一方面要照顾家庭，另一方面还要开拓自己的事业，婚后慢慢地她的心理失去了平衡，

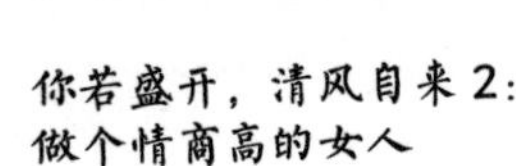

渐渐觉得压力很大，她觉得丈夫是现在自己最亲的人，于是她习惯了事无巨细都跟丈夫倾诉。

在婚姻中，她自认为做了很大的付出。她也记不清是从什么时候开始，尤其是看到原来比自己学习差、能力低的同学，纷纷出国留学或者获得很好的工作机会，甚至嫁了更出色的丈夫。相反自己现在的生活则苦不堪言，工作压力大，家庭事务繁重，而每天听她倾诉的丈夫也不耐烦了。这种生活折磨得她非常痛苦，对丈夫和家人也开始越来越多地埋怨和愤怒，导致家里面几乎每天都有口角和冲突发生。

女人们都希望在婚姻中获得幸福，而不是自我惩罚。为了婚姻的幸福，适当的、互相的神秘感是必要的，但是，如果毫无保留地付出成了你的义务，当你成为婚姻的附属品，那么爱情就变味了，婚姻也就变味了。

如果你因为太爱对方，而在婚姻中表现得更像一个仆人，而不是伙伴，试图依靠毫无保留来赢得丈夫的感动，甘愿在婚姻中放弃自我，牺牲自我，毫无保留地来换取对方的爱，并希望完全走入对方的世界，那么一旦关系出现波动，你就会感到绝望，认为自己一无是处，婚姻了无生机，其实，这是不积极的婚姻模式。

人们都说婚姻如围城：城外的想进去，城里的想出来。真正聪明的女人，会在城中找块空地，在房子周围开垦出一小片绿地，留下一片绿荫，保持一些神秘感。必要的时候，不用出城也能享受到温暖的阳光，呼吸到自由的空气。同时，站在绿荫中更深刻地感受丈夫的爱、家庭的温暖和婚姻的幸福！

下篇 高情商的女人更受欢迎

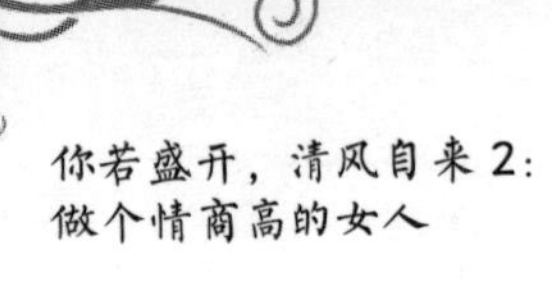

第8章　性格优势，女人走向成功的必要条件

心急无用，耐心浇灌最可靠

好的人缘不会自己从天而降，若是你用得到对方时便终日笑脸相迎，用不到时则形同陌路，那就太急功近利了，自然也很难有什么人缘。我们都知道“心急吃不了热豆腐”，也就是说，女人要建立和维护人缘都离不开耐心的性格。

女人和他人的交往应建立在心灵相交的基础上，此外，还需要是永无止境、耐心努力地经营。性格耐心的女人，才能在长期的人际交往中，不断提高自身的品德修养，不断充实自己的才华，保持自己的人格魅力，使陌生人变为挚友，使异性朋友进化为伴侣，在人们心中获得好口碑，赢得好人缘。女人用耐心的性格培育人际脉络，方能繁衍出朵朵人缘之花，进而在人缘的花海中自在遨游，尽情享受美满的生活！

琼华在一家公司的劳动工资部工作，主要负责职工的社会保险统筹、住房公积金账户的管理等。长期以来，琼华都用认真踏实、负责细致的良好工作态度及较强的业务技能处理自己的本职工作。考虑到自己工作的大部分内容是涉及职员工切身利益的，因此，在具体工作中，琼华会向基层的工作人员耐心

地讲解操作步骤、方法，虽然有的工作人员会在同一问题上反复地提出“我怎么不行”“怎样做”等问题，但耐心的琼华始终细致温和地向他们解释，甚至手把手地教，直到其弄懂为止。琼华深知自己的工作涉及企业的社会信誉，特别是职工的利益，稍有工作上的失误，就会影响到职工的情绪，给企业的发展带来不必要的损失。所以，在处理自身工作时，琼华能耐心做到精益求精；在对待不懂的同事时，她能耐心讲解，向其灌输工作的重要性，一步步指导其完成任务；在对待有情绪的同事时，她能谆谆劝导，安抚其情绪，耐心地做好思想工作，直至其卸下思想包袱。

在处理职场人际关系时，琼华稳重、耐心的性格更是一览无遗，无论是本单位的同事，还是外单位的职员工，有问题来咨询她时，她都会耐心、细致，不厌其烦地向他们解释。特别是一些已离开本单位的原职工，在办理特殊工种提前退休要提供相关证明手续时，她尽量能为这些同事着想，到仓库去查找原始依据，即使是在大热天，在超过40摄氏度的仓库中查找资料，她也没有半句怨言，仍然耐心查找着；对那些找不到原始资料的同事，琼华会耐心地为他们出主意、想办法，向他们解释政策。

因此，在公司，常能听到有同事这样评价琼华，“谢谢你”“像你这样办事认真、热心真是少见”“你办事态度真好，难怪你朋友多，以后你有什么需要我帮忙的，尽管说……”。在日常生活中，她人缘更是好得没话说，她能处理好家庭邻里亲朋之间、同事之间、部门之间的关系，尽力方便各项工作的顺利开展。

一个女人说话和气，办事周全，又耐心帮助人，自然会与周围的人关系融洽友好。琼华就是用自己耐心的性格、心平气和的修养播撒着一颗颗友谊的种子、浇灌着一朵朵友谊之花、收获着一片片繁花满天的美好。

女人若要获得好人缘，经营好自己的人际关系网，没有捷径可走，必须步步踏实、步步为营，用耐心的性格认真看待周围的每一个人、每一件事，从而建立起自己最紧密的人际关系王国。

人生在世如白驹过隙，不过短短几十年，接触到的人亦有限，因此女人

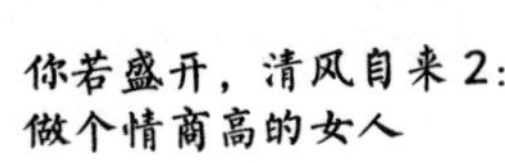

要十分珍惜人与人之间相处的缘分，耐心对待夫妻情、朋友情、亲人情。只有用耐心的性格浇灌这一朵朵真情之花，女人才会有好的人缘，生活才会变得有意义，才能体会到人世间的乐趣！

包容型性格：玩转性格，学会包容他人

有包容之心的女人是幸福的，这种包容的性格不是毫无立场的忍让懦弱，不是无奈之时的退避三舍，而是一种发自内心的真诚待人，是主动的馈赠，所谓“送人玫瑰，手有余香”，这缕余香往往能打动人心最柔软的地方，激发出最真挚的情感。

性格包容的女人是幸福的也是快乐的，她们常能用包容来消除朋友间的隔阂，在彼此间架起直通最真、最善、最美的角落，横过一切阻隔的沟通之桥，因而能获得朋友最善意的回报，广结人缘。明朝的马皇后正是用她包容的性格赢得了臣子百姓的爱戴、千秋万代的称颂以及丈夫朱元璋的尊重。

马皇后和朱元璋是“无论贵贱生死，永不相弃”的夫妻典范。朱元璋被困，她不离不弃，冒着生命危险，甚至不惜烫伤自己为其送饭；朱元璋领兵征战，她有胆有识，坚强执着，捐助所有财物劳军，在后方组织妇女缝补衣物；朱元璋富贵，她不骄不奢，简朴从容，时常劝其不要忘记民间疾苦；朱元璋权倾天下，她没有让自己的亲戚朋友因她是皇后而“鸡犬升天”，却对朱元璋说出了“愿得贤人共理天下”的至理名言；朱元璋残暴，她以仁慈博爱、包容大度的胸怀把朱文正、李文忠、宋濂等认识或不认识的人从朱元璋举起的屠刀下救出来。

难得的是，在她生命的最后一刻，依然以一颗包容的心关爱着他人。这是何等伟大的包容仁爱呀！为了让朱元璋施仁政于天下，她不惜以自己的生命为代价。史书对马皇后的评价极高：生如夏花，逝如冬雪。这正是她包容性格的真实写照，凡是她说的话，即使疑心极重的朱元璋也言听计从；她的建议，

独断专行的朱元璋也甘愿采纳；她病逝后，朱元璋再没册立新皇后，可见在朱元璋的心中，马皇后的地位是无人能够取代的。

朱元璋作为一个封建时期的皇帝，后宫佳丽三千，却独深情于一人，所为何因？无疑是马皇后善良包容的人格魅力征服了他。马皇后的的确确是个了不起的女人，难怪历代史学家都对她交口称赞，誉为一代贤后。

由此看来，一个女人要赢得丈夫的倾心、朋友的关心、亲友的爱心靠的并非姣好的容貌或曼妙的身材，而是包容的性格。包容是女人的一种美德，也是一种赢得友谊，保持家庭和睦、事业成功的性格。

包容和自己有冲突的人，能让我们少一些个人恩怨，多一些支持；包容和自己观点不一致的人，能捍卫他人说话的权利，赢得他人发自心底的敬佩；包容性格上你不喜欢的人，能让每个人尽情释放自己的魅力，使你感受到不一样的风情。

在女人的人生舞台上，每个人都有着不同的角色，每个人之间又有着千丝万缕的联系，相处时难免有相左之事。性格包容的女人能游刃有余地应付这一切，赢得朋友的称赞，赵薇便是其中之一。

赵薇的大眼睛，从最初的小燕子造型就开始受到大家的瞩目。小时候的赵薇从来没想过要去演艺圈，直到17岁幼师毕业，她忽然想看看外面的世界。双鱼座女子是浪漫主义先锋，赵薇说离家并不是因为电影的诱惑，而是想要寻找自己。做演员机遇很重要，赵薇的运气就很好。读谢晋恒通明星学校，谢晋说她是好苗子，推荐她去演儿子谢衍的电影《女儿谷》；进入北京电影学院第一年就去拍琼瑶的《还珠格格》，不到20岁已经红到发紫——北影的传达室天天要有人给赵薇专门整理信件。

对明星而言，红是一种炫耀，也是一种负担，红了10年，虽然其中有过波折，却从没有削弱赵薇的影响力，而这一切来自她包容的性格。赵薇人缘很好，跟她合作过的演员几乎没有什么抱怨，像拍《花木兰》超出了预期的拍摄时间，赵薇也包容地接受了一切。她自己说：“其实，相对于明星生活的五颜六色，我更喜欢安心待在剧组里打发时间。早上6点起床，喝杯咖啡，做个面膜，然后在风沙中开车一个多小时到片场。拍的是古装戏，我的妆却很简单，把脸抹黑了就行。等戏的空隙我坐在车里听我最爱的那种'大气磅礴'的音乐，像电影原声这类，有故事画面感，能让情绪陷入幻想和沉思，幻想就是我们演员工作的一部分。下午再准时回驻地，洗澡、再做面膜，我越来越享受这种规律正常的生物钟了。"

和赵薇合作多次的陈坤就坦言非常喜欢和这位老同学合作，因为她性格好，凡事能包容，心态好，对朋友的质疑少，和她一起拍《花木兰》很开心。

诚如"包容别人是对自己最好的解放"所说，性格包容的女人，常能用一颗仁爱包容之心去对待他人，因此能感受到人生的快乐。这样的女人拥有非凡的气度、宽广的胸怀、高尚的品质、崇高的境界；对人对事会多一分理解、多一分宁静、多一分释怀、多一分善待，善于同各种各样的人，特别是同能力、天赋等各方面不及自己或脾气秉性与自己不同的人友好相处、协调共事；因而能得到更宽阔的天地，处处碰到信赖和爱戴自己的朋友，收获更广泛的人缘。

性格包容的女人是美丽的，因为包容是女人的一种魅力，更是一种力量，它能使女人积众家之长，取之精华，增添自己的智慧，释放自己，不断进取，使其一生沐浴在阳光雨露中，享受朋友遍天下的快乐！

耿直型性格：玩转性格，学会一语中的

性格耿直的女人在待人接物时，不会像小家碧玉般纤细柔弱，也不似名门优伶般矫柔造作，而是骨子里透着几分侠古柔情、正直无邪、刚直不阿。这样的女人喜欢讲话、谈天说地，不管是自家的，还是别人家的，她们都爱评说一二，并会在评说中加入自己无限的关怀，不带丝毫的嫉妒和不屑。

当然这许许多多的"口无遮档"，也会给其带来麻烦，可人们还是最愿接受这样的女人，愿意成为她们的朋友，因为她们透明、直率，不会玩两面三

刀的把戏。性格耿直的女人也许不圆滑，也许不冷静，也许不世故，也许不得体，但耿直的女人一定是快乐的，因为她们大多人缘广泛。

性格耿直的女人对待朋友时爱憎分明、明察秋毫、仗义执言，对待爱人时向往真善美、毫不掩饰、竭尽全力，对待亲人时是非分明、体贴入微、忠肝义胆。她们能不为世事所屈，不为困难所退，正因如此，她们常能赢得好人缘，迎难而上，抵达成功的彼岸。凭借《色戒》王佳芝一角走进人们视野的汤唯就是一个不折不扣的耿直女人。

身为杭州人的汤唯拥有江南女子的明眸红唇、修长身材，加上父亲是画家、母亲是演员的天然熏陶，使她在外形、气质上拥有得天独厚的优势。1998年，汤唯开始考中央戏剧学院的表演系，这一考，就是三年。汤唯的浙江老乡、同样曾在中戏读书的韩江回忆起汤唯时说，记忆最深刻的是她耿直、简单的性格，而著名戏剧创作人、导演赖声川第一眼看见汤唯的时候，对著名戏剧制作人袁鸿说：“你看她像不像我以前的学生吴倩莲？这女孩子骨子里就有一种耿直的味道。”时隔两年，赖声川在北京的教学结束，临走时，他嘱托袁鸿：“我走了后，好好照顾这个姑娘，别让她跑歪了路，你知道演艺圈的诱惑实在太多，她这种性格是很难得的。”

当时，李安在阅尽美女无数后，带着编剧王蕙玲等人飞往北京见汤唯。仅仅是第一面，李安便认定了眼前的这个女孩儿就是王佳芝，与他持相同看法的，还有编剧王蕙玲。许多人都认为，此次和李安合作是汤唯多年来的人脉积累，特别是赖声川的铺路搭桥，因为后者和李安的私人关系极好。汤唯能一炮走红得益于她因耿直的性格结下的人缘，这说明耿直女人是相当受欢迎的。

但在生活中也常常有性格耿直的女人因说话过于直接、坦率而得罪朋友的现象，这并非说耿直是坏事，而是应该注意下表达真诚直率意见的态度和方式。当你以真诚、善意的态度待人时，相信不会伤到他人，人际关系也会变得融洽。同时我们也要记住，耿直不等于不讲究谈话艺术，凡事直来直去，有时婉转地表达我们的意见效果反而更好，也更易被别人接受，拥有更多的朋友。

静静的脾气有点急，但耿直善良，人缘还是比较好的。她住的小区里有

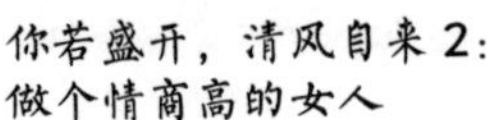

两个和她一样喜欢锻炼的人，一个是吴姐，一个是小王，路上碰到时间多了也就认识了。这三个女人都是性格耿直的人，只是为人处世上有所不同：吴姐比较开朗，说话有点随便，看见人就会主动打招呼；小王是快人快语，碰到人会说个半天，一吐为快；静静则想怎么说就怎么说，从不隐瞒，为人比较大方。既然性格都差不多，又都爱锻炼，经常碰到，一来二往的就熟了，于是说好以后大家一起锻炼，有说有笑的有乐趣一些。

本来这是件很好的事，不料发生了一件事，打破了这个融洽的关系。事情还得从吴姐的朋友说起。吴姐有个朋友，23岁，闺阁待嫁，叫小丽。静静也有个朋友，24岁，小伙子一个，叫小乐。静静有意想把小乐介绍给小丽，也曾和吴姐说起此事，于是，两人一拍即合，就做起了这个媒。不料小丽觉得和小乐没话说，心里就不大乐意，没打算再谈下去，这事很快就没了下文。事情到了这里，应该可以告个段落，但下面还有事出来。

因为媒人没做成，说话直接的静静就和小王抱怨了一番，数落了小丽几句，这本来也是很正常的事，谁料，小王心直口快，心里藏不了事，就当起了传声筒，把她知道的任何一句话都传到吴姐耳朵里，尽管没有添油加醋，但吴姐听了心里还是很不舒服。一天，三人锻炼时，吴姐就当着静静的面说小乐不善言词，是书呆子一个，没想到，一来一往，两人就吵起来了，话越说越多，越说越难听，两人就此结了仇，更不要说一起锻炼了。

说起来，静静、吴姐、小王都是性格耿直的女人，本性也都不坏，可为什么会闹僵呢？诚然，女人有耿直的性格固然是好，但与朋友说话口无遮挡、不经思考，不考虑别人的感受就不好了。所以，当耿直的女人感到自己有抱怨、不服气时，切不可轻易动气，也不可气焰嚣张、盛气凌人，要知道，得罪一个人容易，拥有一个朋友却很难。

相信掌握了说话技巧的耿直女人一定能踏踏实实做事，堂堂正正做人，不为名所困，不为利所诱，畅饮亲情的雨露，沐浴友情的阳光，喜迎爱情的和风，以源源而来的人缘，享受人生的每一个春夏秋冬，每一个日日夜夜！

自信型性格：玩转性格，学会运筹帷幄

形容人缘好、有吸引力的女人有诸多词汇：漂亮、成熟、优雅、有气质、有内涵等，但有一个词却能将上述的优点全囊获其中，那就是自信。自信型性格的女人，集所有特质于一身，在任何场合，她们都能谈笑自如、举止大方、行为得体，她们懂得在什么样的场合说什么样的话，什么能说，什么不能说。

在处理人际关系时，她们不会与人争得面红耳赤，也不会为自己辩解袒护，更不会死死纠缠、歇斯底里。在她们的身上永远散发出高雅的气质和美丽的光芒，弥漫着一种自信性格的魅力。

自信型性格是女人一份永远不为外人所夺取、永远属于自己的财富，它不会因时间而消逝，不会因岁月而磨损，是女人成为最美丽的人际之花的秘诀。这种性格让男人为之钦佩叹服而又尊重，让女人为之嫉妒羡慕而又自惭形秽，久而久之，便使得她们无论走到哪里，都有朋友相伴左右。

阿茹考上大学后，因心态、情绪不稳定，她毅然决定休学一年，为自己好好定位。回到家乡的她，每天做好多兼职让自己忙碌起来，上午去做家教，下午去健身房健身，到晚上就去唱歌或主持节目，一直熬到半夜才回家卸妆、洗澡、睡觉。这样周而复始的生活虽然有时候感觉疲乏，但也很充实，让她认识了很多不同层次的朋友，在和他们相处的过程中，她明白了很多道理，也增加了对自己的认识。后来，她还是决定回到学校继续上大学。

再次回到学校后，阿茹的性格和心态发生了很大变化，变自信了很多，也因此认识了更多的朋友。她尤其喜欢和朋友一起开玩笑，表露自己真实的情感。在很多时候，阿茹不愿意和别人去争。也许在很多人看来，“争”不仅可以展示自己的风采，而且是通向成功的必要条件。但是，阿茹却认为，正是这种平和的心态，让她拥有了更多的朋友，也获得了很多偶然的机会。“路还是要走下去，就看你有没有信心和勇气去面临一切艰难。很多事情，你只有迈出了第一步，你才能够知道它的价值。”阿茹说这话的时候，坚定且自信。

在学校参加挑战主持人大赛算是阿茹自信性格的另一个表现，比赛让她更加喜欢主持这个工作，也让她懂得了一些人生哲理，变得更加成熟自信。当朋友问阿茹“你这次比赛的最大优势是什么”时，她自信地说，自己的优势在于综合素质方面，她觉得自己对舞台的感觉挺好，只要有这么一个好的舞台在她面前，她就可以马上找到感觉。通过比赛，阿茹也结识了很多好朋友，同时积累了一些主持的经验，并最终荣获“最具人气奖”。

朋友都说喜欢阿茹，就是因为她是一个性格自信、乐观、坚强的女孩，她能用自己难忘的经历自信地吸引许多人围绕在她身边，和她分享生活中的一切。

像阿茹这样的自信女人有着一种不一样的吸引力，一种具有震慑力的向心引力，能让自己成为人气女王。性格自信的女人能看到自己本身的价值，认识自己的魅力，感悟生活中的美好，增加对生活的热爱、对朋友的关心，珍惜生命中的点点滴滴，乐观而风姿卓越地游弋人间，实现自己心中的一切，笑笑正是这般自信的女人。

笑笑的性格亦动亦静。在外，她开朗，活泼，善于与人交往，但是她又喜欢独处，喜欢静静地思考、看书。她自信的性格使她朋友广泛，再加上她从不吝惜自己的真心，因此人缘一直都非常好，这些人脉在她平时的生活和工作中给了她很大的帮助，让她得到了很多重要的信息以及途径。同时，笑笑喜欢看书，涉猎广泛，一般的交谈她都能插上话。笑笑的家庭收入状况也不错，可以负担得起她的求学费用。另外，她的成绩很好，多次获得了专业一等奖学金，还没有任何感情问题，这样她就能更轻松地和朋友们相处。

从小到大，笑笑从没有怀疑过自己的能力，也一直紧握着自己的梦想——成为一名外交官。笑笑考虑到如今真正精通英语又熟悉法律知识的外交人才实在是凤毛麟角，而实际上市场需求量又是相当大，因此她选择的专业是法律、英语双学位，她想如果自己能够按照既定目标发展，不断提升各方面的素质，她一定能找到适合的位置，实现理想。

经过多年的锻炼，笑笑的演讲水平和文字功底都得到了很大的进步，这使她在工作和考试中都很有优势。而且在大学求学期间的多年学生工作让她拥有了很多别人难以获得的人脉和经验，使得她的性格更加自信，并成了她最终成为外交官的不竭助力。回望自己的成长之路，笑笑感叹说：“曾经以为梦想就在远方，只要我坚持就能够实现；曾经以为梦想遥不可及，现实让它变得缥缈而不可触摸。但是现在才发现，当梦想照进现实，唯有自信可以让我勇往直前，唯有朋友可以让我无畏风雨。”

性格自信，女人才能达到自己所期望达到的境界，才能成为自己所希望成为的人，才能坚持自己所追求的信仰，才能收获更多的友情，赢得更多的支持。的确，像笑笑这般性格自信的女人才能自强，才能广结人缘，才能永远不会被社会击败。

性格自信的女人，或许没有天姿国色、闭月羞花的容貌，但仅仅因为她的性格，瞬间便能变得光彩耀人、淡雅高贵，成为最耀眼的焦点，且永远不会因为容颜的衰老而失去自己的魅力。因而，朋友眼中的她，犹如圣母玛利亚般，易于交谈、易于接近，大家也都愿意亲近，期望成为她的闺密，向她倾诉所有心底的故事！

豪爽型性格：玩转性格，学会一笑置之

豪爽型性格的女人心胸开阔，不论面对怎样的状况，总能保持豁达的心态，坦然面对人生的风风雨雨。她们对待朋友宽容大度、体贴谅解、包容谦让，让人有如沐春风之感，因此在人际交往中能如鱼得水，独领风骚。

豪爽型性格的女人，在人际交往中常能因其极具穿透力的个人魅力、令人信服的气质俘获人心，拥有众多死党。

不畏强权，对朋友肝胆相照，交友不疑，疑人不交，好打抱不平，主持正义是豪爽型性格女人的特征。她们比那些深藏不露、遮遮掩掩的女人更令人

放心，更容易博得他人的信任和好感。叱咤娱乐圈的“肥肥”沈殿霞就是用豪爽的性格征服了众多朋友。

沈殿霞作为香港艺人界最具代表性的人物之一，入行数十载。重情重义、性格豪爽的她可谓好友甚多，人缘甚广。除了罗文、薛家燕、汪明荃、梅艳芳等好友外，不少后辈亦很尊重她，而沈殿霞亦多次挺身为好友，难怪多年来得到好朋友支持。

“肥姐真的很伟大，很豪爽。”这是圈内许多了解沈殿霞的人异口同声的评价。即使身患重病，沈殿霞也没有在家中静养，反倒四处走动，忙着与亲朋好友及圈内熟人大摆宴席，还频繁出席各种社交场合，为的就是和朋友团聚，并为女儿的将来铺路。

前香港特首曾荫权曾这样评价沈殿霞：“肥肥是香港人的开心果，她的笑声与香港人一起成长，带给观众很多快乐。她拥有坚毅的意志、豪爽的性格，一直与病魔对拼，获得港人的关爱。她拥有了很多香港人所尊崇的精神和性格。”

正因感动于沈殿霞的豪爽，朋友们才会在其逝世后由衷地感叹：“肥姐是一个好直接的人。”“肥姐的去世是整个香港社会、影坛甚至全中国的损失。”

豪爽型性格的女人如毫无修饰的文字，这并不是没有文采，而是质朴，殊不知质朴也是写作的一大法宝。她们也许常会说出不假思索的话语，但并不代表莽撞，而是胸无城府的天性使然，有时“清水出芙蓉，天然去雕饰”的自然话语要比“华丽的浓妆淡抹”的表达方式更能够打动朋友之心，因为真正的人缘是需要我们付出真心的，而豪爽性格的自然流露正是她们的至善之美！

第 9 章　完善自我，才能更快地被人接受

机智做人，把握时机是智慧

《陋室铭》中有云："山不在高，有仙则名；水不在深，有龙则灵。"女人说话也要如此：话不在多，点到为止；话不在好，把握时机为佳！说话的时机也是女人的一门必修课，学问深了，自然就受益匪浅了；学得不好，就会处处碰壁，做不成好女人，成不了大事业。

所谓的把握时机最基本的就是要知道什么话该说，什么话不该讲，在什么场合说什么话，遇什么人说什么话。女人不仅要研究说话技巧，也要讲究说话的时机。原本正确的话如果不注意技巧，不把握时机，不但起不到应有的效果，甚至会带来负面作用。

这看似简单，其中的奥妙却不少，做起来也不容易。很多女人也都在这方面吃了不少亏，最终懊悔不已。有的女人说话时旁若无人、滔滔不绝，不看别人脸色，不看时机场合，只管满足自己的表现欲，这是没有智慧和修养的表现。

说话应注意对方的反应，不断调整自己的情绪和讲话内容，使谈话更有意思，更为融洽。同时，说话要看准天时地利，要知道，同样的一句话，你对一个人说，她肯全神贯注；对另一个人说，她却顾左右而言他。而某个时候你对一个人说，她乐于接受赞成，但换个时间，她却觉得不耐烦。这分明是你谈话的对象在生活和性格上的不同，再加上他们当时心境的差异。

场合也是决定说话效果的重要环境因素，同样的话在不同的场合说，所产生的实际效果是不一样的。场合是交际时的地点与气氛。场合有庄重与随便、自己人与外人、正式与非正式、欢快与悲痛、公开与私下之分，因此注意说话场合，就是两面都要兼顾：对方工作正忙碌的时候，你不要去跟他说话；对方正焦急的时候，你不要去跟他说话；对方正在盛怒的时候，你不要去跟他说话；对方正在开心玩乐的时候，你不要去跟他说话；对方正在悲伤的时候，你不要去跟他说话。

当然，也有特殊情形，对方正与你一起开心玩乐时，你乘机用轻描淡写的语气和他说话，比任何时候都容易成功，除了这种特殊状况外，你千万不要随便说话。所以和人交谈一定要注意时机。把握说话的适宜时机，是女人得体做人的重要体现。

看时机说话，一般应注意这样几种情况：应当在听话者心情比较平和的时候去说明情况或提出批评建议；应当在双方的感情、认识差距缩小了以后再开口劝说；应当对把握不大的事情事先作出暗示。

概括地说，女人说话在行的关键即为看准对方的目的以投其所好，并掌握时机的变化以及注重细小方面的观察。这全靠你在实践中去领会和发挥。如果你要赞美他人过去的成就或行为，就另当别论了。赞美这种既成的事实与交情的深浅没有关系，对方也容易接受，这就是说，倘若不是直接称赞对方，而是称赞与对方有关的事情，这种谈话在初次见面时比较有效。

要找准时机赞美别人是件很不容易的事，若是不得法，反而会遭到排斥。为了让他人坦然说出心里话，你必须尽早发现对方引以为豪的地方，然后针对此大加赞美。如没找准最佳时机，最好先不要胡乱称赞，以免自讨没趣。

茜茜是美国一家公司的老板，她所拥有的资产超过数亿美元。一年，她和丈夫飞往中国某城市考察以寻找合作伙伴投资建厂。经过多方努力，几天

后，茜茜坐到了谈判桌前，和她谈判的是我国某大型企业的领导。这位女领导以精明能干和通晓市场行情的本领令茜茜所欣赏，特别是当茜茜听了她对合资企业的宏伟设想后，她几乎已经看到了合资企业的美好前景。可就在准备签约的时候，这位女领导又颇为自豪地说了一句："我们企业拥有2000多名职工，去年共创利税700多万元，实力是绝对的雄厚……"听到这儿，茜茜呆住了，她默默掐指一算：700万元人民币折成美元是90余万，一个2000多人的企业一年才赚这些钱；而且，这位女领导居然还表现得十分自得，看来合作以后这个企业肯定会令茜茜大失所望的，因为离自己预定的利润目标相差太大了。还好合同还没有签，于是，茜茜当即决定终止合作谈判。

眼睁睁地看着马上就要达成的投资就这样黄了，原因仅仅是一句不合时宜的话。试想如果那位女领导当时能保持安静，不就行了吗？这只能说明这个女领导说话还没找对时机，甚至可以说她在商场摸爬滚打这么些年还没有学会如何说话，不知道在什么场合说什么样的话，最终也因此与一大笔投资失之交臂。

这种现象应该引起女人们的重视。有的女人会犯另一种错误，即在不适当的场合中，把自己所拥有的一切话题全部谈完，等到需要她再开口时就无话可说了。

女人要修炼高明的说话技巧，应具备能很快发现听众所感兴趣的话题的能力，同时拥有能够说得适时适地、恰到好处的才能和天赋。这种能掌握优越时机感的女人，无论是在遭到突变，还是遇到阻碍时，都能转危为安，转祸为福，永远幸福快乐！

言而有信，表里如一是品质

古人说：人无信不立。言必行、行必果，表现的是女人的为人态度和格调，是好女人为人称道的品质。"信"指人在言谈中的诚实性，言由心生，表

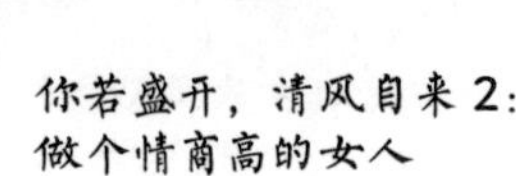

里一致。女人在言谈中要有诚信，心有诚意，口中说的话才让人信服；口出信语，做人则必慎行，从而让人信赖。

正所谓：自尊者人恒尊之，自敬者人恒敬之，自信者人恒信之，这是人际交往的必然规律。女人要踏实做人、守住家庭和事业都离不开诚实守信，诚实守信就是女人智慧做人的基石，没有一种成就是建立在谎言和欺骗之上的。

女人说话不是敲击锣鼓，而是敲击人的“心铃”，而敲击人“心铃”的最好方法就是诚实的语言，只有用一张诚实的嘴与人交往，才能换来彼此的心灵相通，坦诚以待。女人与人交谈，贵在诚实，你与人交流时若能捧出一颗言而有信的心，一颗真诚质朴的心，怎能不让人感动？

“互酬互动效应”是心理学家认为的人际交往中存在的效应，即你如果诚实地对他人，对方也会以同样的方式对待你。如果你能用得体的语言表达自己的诚实，就能很容易赢得对方的信任，与对方建立起信赖关系。

诚实的语言，不论对说者还是对听者来说，都至关重要。说话的魅力，不在于说得多么流畅，多么滔滔不绝，而在于是否善于表达诚实。最能赢得人心、最言而有信的女人，不见得一定是口若悬河的女人，而是说话诚实的女人。如果女人说话只追求外表漂亮，缺乏诚实的感情，开出的也只能是无果之花，无法言而有信地行走世界。

“杀猪教子”讲的正是说话言而有信的故事，教育人从小就应该树立诚信做人的观念。一天，曾子的妻子要上街，她的小儿子哭闹着也要跟着去。妻子便哄儿子说：“你回去等着我回来杀猪给你吃肉。”等她从街上回来，就看到曾子真的要杀猪，她急忙阻拦道：“我是跟孩子说着玩，哄他的，你干吗当真呢。”曾子说：“同小孩子是不能开这样的玩笑的。孩子年幼没有知识，处处会以父母为榜样，听从父母的教导。你今天欺骗他，就是教他骗人。做母亲的欺骗自己的孩子，那孩子就不会相信自己的母亲了。这不是教育孩子的好办法！”于是，曾子杀了那头猪，煮了肉给孩子吃。

在生活中，有些女人长篇大论甚至慷慨陈词，可就是难以提起听者的精神；而有些女人仅仅寥寥数语，却掷地有声。这是为什么呢？很简单，后者能

诚实反映自己的内心世界，能设身处地地站在对方的立场，为对方着想。因此她们的话总能打动人心。上面的故事告诉女人们，诚实的话语才是能打动人心的话语，才可称得上是“金口玉言”“一字千金”。

与人交谈，首先要保持诚信。说话诚信是作为女人的一个基本的道德规范。当然，“信”还包含同心相知、彼此信任的意思，也就是说，女人在彼此交往中要以诚信相待，不因偶然事件而动摇，不因时光流逝而褪色，这才称得上是真正的诚信。可以说，说话的自信心与说到做到，是女人追求成功事业的必备条件和言而有信修养的体现。

说话是否诚信，对每个女人的生活、事业乃至闲暇娱乐都十分重要，言之有信的女人，处处都受人爱戴和欢迎。在生活中，她能认识许多本不相识的陌路人，共同进退；能与许多志趣各异、性格有别的人互相了解，彼此需要，共绘快乐；能够为她人排忧解难，消除误会与隔阂，共享美好生活。在工作及事业上，她能充分利用自己的语言交际能力来说服他人，使工作顺利进行，左右逢源！

谨慎有度，拿捏说话的分寸

说话有分寸要求女人在人际交往中对语言、表情、动作等都要把握一定的度，力求谦恭有礼，得体自然，潇洒大方，同时注意说话的时机和方式。任何夸夸其谈或是词不达意的话语，都会影响相互间的交流。女人在交际中要注意说话的分寸，尽量做到言语真诚、委婉，该说则说，不该说则应保持缄默，说话的程度及尺度应根据对象和交际目标而定。世间诸事，有成有败，有得有失，而其中女人做事成败得失的关键在于对说话分寸的掌握。

我国有一句古话叫作“说者无心，听者有意”。有时候，明明只是无心的一句话，却“有意”地伤害到了他人。如此，轻则引起对方的反感，重则为自己引来灾祸。因此，女人在社会上和他人打交道时，需要谨言慎行，注意拿

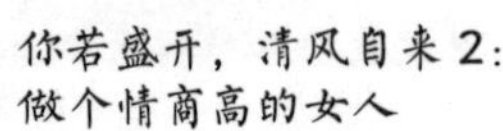

捏自己说话的分寸。

一大早就听惠不停地抱怨，“烦死了，烦死了！”一位同事皱皱眉头，不高兴地说：“本来心情好好的，被你一吵也烦了。”惠是公司的行政助理，工作了好多年，每天的工作都事务繁杂，她觉得很烦。其实，惠性格开朗外向，工作起来认真负责，虽说牢骚满腹，但该做的事情一点也不曾怠慢。

一天，惠刚交完电话费，财务部的同事就来领胶水，惠不高兴地说：“昨天不是刚来过吗？怎么就你事多，今儿这个、明儿那个的？”她把抽屉开得噼里啪啦，翻出一个胶棒，往桌子上一扔，“以后东西一起领！”这位同事有些尴尬，又不好说什么，忙赔笑脸：“你看你，每次找人家报销都叫得那么亲热，怎么我一有点事求你，你的话就变难听了呢。”大家正笑着呢，销售部的同事冲进来，原来复印机卡纸了。惠脸上立刻晴转多云，不耐烦地挥挥手，单子一甩：“知道了。烦死了！和你说一百遍了，先填保修单。填一下，我去看看。”惠边往外走边嘟囔：“维修部的人都死光了，什么事情都找我！”

惠所在的公司每年年末的时候都会选举先进工作者，大家虽然都觉得这种活动老套可笑，暗地里却都希望自己能榜上有名。领导们认为先进非惠莫属，可一看投标，50多份选票，惠只得12张。有同事私下说：“惠是不错，就是嘴巴太没分寸了。”惠自己很委屈：我累死累活的，却没有人体谅，连个先进也没人选我。

无论你是在探讨学问、接洽生意，抑或是交际应酬、娱乐消遣，凡是每一句从你口中说出来的话语，都要做到既有分寸又得体。即使你现在未必能够达到这样至高的境界，也应朝着这个目标去努力。惠的经历说明，女人在说话时要记住：在任何地方和场合都要注重说话的分寸，有时候沉默也是掷地有声的话语。

所以作为女人一定要有“心计”，与人交往要把好口风，什么话能说，什么话不能说，什么话可信，什么话不可信，心里都要有数。有俗语道：一言可以兴邦，一言可以乱邦。且不说兴邦还是乱邦，就这句俗话本身而言，就足以说明说话要有分寸的重要性了。女人在说话时，可以不开口的，就尽可能做

到三缄其口。嘴边不注意分寸，有很多害处，许多女人也吃过这方面的亏。

茹的一位男同事刚新婚不久，随着心情和生活的改变，男同事人渐渐胖起来，和婚前有了很大的差别。一天，茹和几个同事在一起聊天，大家聊了一会儿，茹突然对新婚的男同事说："你怎么搞的，胖成这个样子！"大家顿时笑了起来。

谁知，男同事马上变了脸色，一句不吭。等笑他胖的女同事走了，他才爆发开来，大声指责茹说话恶毒，场面瞬间变得很尴尬，甚至在以后的工作中也和茹没有再来往过。

人不可能完全了解另一个人，这点女人必须承认，在说话时也要注意。女人注意说话的分寸其实并不难，牢记孔子所说的"言未及之而言谓之躁，言及之而不言谓之隐，未见颜色而言谓之瞽"即可。须知，再豁达随和的人也有自尊心，你若搞不清楚他的好恶，说了没有分寸的话，他就算不发作，也会记在心里。

说话有分寸还包括在谈话中学会看他人脸色，你看看别人希望说什么，你能不能够说出来最合适、最有分寸的话，还需要自己有心理准备，你必须做一个了解对方的女人。

其实朋友之间永远是有尊敬有顾忌的，不仅仅是朋友，还包括亲人、夫妻、父子之间都应有所顾忌。每个人都有他生命中的荣耀与伤痛，真正的说话艺术是不断地放大他的优点，而不去触及他的伤口，这就需要把握谈话的分寸，也需要你有眼色，知道他喜欢什么，不喜欢什么，这不同于投其所好和拍马屁，而是你是否能为朋友营造一个宽容友好的氛围，继续沟通下去。

在公共话题进行中尽量避免毛躁的性格，你一定要徐徐道来，这才是合适的、恰当的、最有分寸的，才能显示你的修养和智慧。如果随便插话，则剥夺了其他人说话的权利，是不可取的。而轮到你发表意见时，应条理清晰有分寸地进行下去，并灵活运用优雅的肢体语言和活泼俏皮的幽默，如此能给人以自信、干练、聪明的印象，也有利于你未来的人际交往。

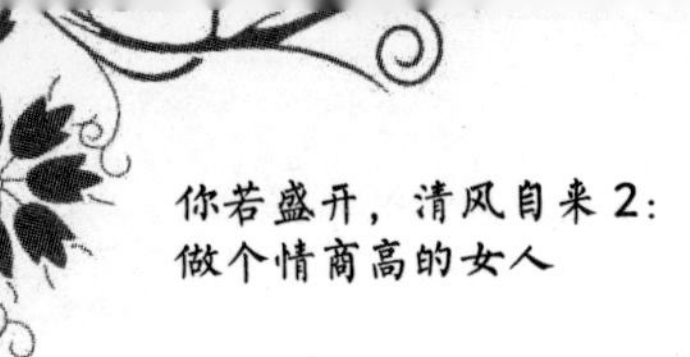

语言优雅，掌握说话的艺术

当你需要向他人表达意思时，除了文字、肢体语言外，说话也是一种人际传达工具。如果说话不当、不得体、不礼貌，非常容易在语言上伤害别人，造成人际交往中的不和谐。因此，如何说话、说话的礼貌都是不容忽视的。

与人相处时，如何说话确实是一门艺术，值得女人细细琢磨。女人说话时的态度和语气极为重要，有的女人谈起话来滔滔不绝，绝不容许他人插嘴，把大家都当成自己的学生；有的女人为了充分显示自己的伶牙俐齿，总是喜欢用夸张的语气来说话，甚至夸大其词，危言耸听；有的女人以自己为中心，丝毫不顾他人的喜怒哀乐，成天谈的话题全是显示自己。

这些女人常常给人傲慢、放肆、自大、不尊重人的印象，一言不发或自吹自擂都是女人令人扫兴的原因，对个人的人际交往百害而无一利。你说话通常是为了与他人沟通思想，要达到这一目的，首先当然必须注意说话的内容，其次也必须注意说话时声音的轻重，这样在说话时必须注意保持与对话者的距离。

说话时与人保持适当距离也并非完全出于考虑对方能否听清自己的说话，另外还存在一个怎样才更合乎礼貌的问题。从礼仪上说，说话时与对方离得过远，会使对话者误认为你不愿向他表示友好和亲近，这显然是失礼的。然而如果在较近的距离和人交谈，稍有不慎就会把口沫溅在别人脸上，这是最令人讨厌的。因此从礼仪角度来讲一般保持一两个人的距离最为适合。

每个人都希望得到他人的尊重，人们比较看重自己业已取得的地位。在交谈中，无论是新老朋友，一见面就得称呼对方。对有头衔的人称呼他的头衔，就是对他莫大的尊重。此外，不管是名流显贵，还是平民百姓，你在同对方交谈时，一定要选择大家共同感兴趣的话题，不要打听诸如对方的年龄、收入、个人物品的价值、婚姻状况、宗教信仰等隐私话题，否则会显得极不礼貌。

女人在说话时，一定要有礼貌，用心与人沟通，不要毛躁地发表自己的意见，滔滔不绝，要学会以对方能接受的方法展开对话。女人说话时要说正派的话、善良的话、中肯的话，让他人知道你心里是怎样的想法，以减少沟通障碍，如若哗众取宠、举止轻慢、信口开河的话，则难以树立自身的正面形象。当你与多数人在一起时，也不可只与一两人谈话。当对方所述要求自己办不到或与他人意见相左时，若要拒绝或辩论，必须以委婉的态度说明原由，灵活机智地转换话题，这容易幽默地推拒或弥补争端以缓和气氛，切莫语气严峻冷酷，毫无通融的余地，这容易令人难堪而反目成仇。

女人与人谈话时，要讲正事、谈正题，不要偏离主题，而进行自我宣传、夸大自我。最好不要说或问别人难以回答的问题或事情，也不要问别人不愿意回答的问题。在说话过程中主动寻求他人的优点，尽量避免谈及缺点。谈话中，不能出现倦怠的神情，如“打呵欠”“屡屡看表”“跺脚”等，说话时要面带微笑、谦和有礼、态度亲切。言谈举止不可太过做作，故弄玄虚，否则容易让人反感；亦不可言词抽象，让人产生误解，语言表达要简单明了。当对方的话尚未结束时，不可强行打断抢说，如需先说，则要征得对方的谅解，插话时也要注意用词的礼貌，宜多用“抱歉”“打扰了”等词。

女人在谈话时，要注意音调、速度适中，并应将内容说清楚，讲明白，不可贸然与人发生争执冲突，以免产生烦恼。与人交往中要尽可能谈上几句话，如遇到有人想同自己谈话可主动与之交流，如谈话中遇到冷场，应设法使谈话有礼貌地继续下去。在谈话中如因故需退场，应向他人说明原因，并致歉意，不要自顾自一走了之。

女人在听别人谈话要全神贯注，不可东张西望，或不耐烦，应当积极地表现出对他人谈话内容的兴趣；听别人谈话就应该让别人把话讲完，不要当他讲到兴头时打断他，如要对别人的谈话内容加以补充或发表个人看法，也要等到最后，喜欢抢白和挑剔对方都是极不礼貌的。在聆听时积极反馈是种互动方式，适时地点头、微笑或偶尔重复对方谈论的要点，适度赞美都是必要的。

女人如想建立自己知性而又优雅的形象，帮助自己成功地建立交际网络，建立良好而广泛的人脉，那么学习有礼貌的说话是其中的重中之重，能起到事半功倍的效果。

饱含情感，纷繁中表现真诚

真诚的话语如一缕沁人的春风，能滋润着孤寂的心灵；如一杯新沏的绿茶，安抚着酷暑下扰人的心境；如一滴心灵的洗涤剂，荡尽尘埃开启清澈的心房。说话真诚的女人往往给人一种成熟的信任感，能在纷繁中演绎默契沟通。

女人在社会上行走一定要说话真诚。女人真诚与否，不是告知他人关于你的一切，而是看在彼此间交谈的时候，有没有欺骗的行为。对女人而言，卸掉虚伪的面具，释放满腔爱意和友情，营造感情温馨的氛围才是真诚所在。例如，对少管所的孩子来说，给予他们鼓励和支持，并教他们坚持努力的女人才是真诚的女人。

有位女心理学家到一家少管所访问考察并为在那里服刑的青少年辅导。她面对这群比较特殊的孩子时，一时竟不知该如何称呼他们，因为在她的家里，自己的孩子也只比他们小几岁而已，看着这些孩子，她想起了自己母亲的身份。

若叫他们为犯人，孩子们心理上必然会产生反抗情绪，这样对辅导教育十分不利，甚至会扭曲他们的人生观；称他们为先生，显然也不太理想，最后他开口说“误触国家法律的年轻朋友”。

谁料这一称呼却收到了意想不到的效果，那些孩子听到这一称呼时都专注地凝视着她，有的甚至还激动得哭了。辅导过程相当顺利而效果显著。

女人真诚的语言常常包含三种含义：给予尊重，给予亲切感，对彼此相见或交往的珍惜。当她把这三样礼物通过真诚的话语传达给他人时，也显示了自身的热情、开朗、风度和涵养。这位女心理学家一句真诚的称呼震动了服刑孩子们敏感的心灵，开启了他们脆弱的心门，显然这样的收效是他自己都未曾

料到的。

慧作为热门人选每年都会受邀参加某单位的杂志评选工作。该工作在当地十分有影响力，参与之人都倍感荣誉，因此很多人想参加却苦于找不到门路，多数人只参加过一两次，就再也没有机会了！慧却年年能享有此“殊荣”，大家都羡慕不已。

有人问慧，年年能参与评选的奥秘，慧微笑地告知。她说：所谓的专业眼光并非关键因素，本身的职位也并不是那么重要，她之所以能年年被邀请，是因为她说话真诚。

慧在公开的评审会议上有这样一个原则——对所有参与单位给予真诚的称赞或批评。

虽然杂志有先后名次，但每家杂志社都既有面子又收获了提升意见。也正是因为慧真诚地为他人着想，承办该项目的人员和各个杂志的编辑人员，都很尊敬与喜欢她，当然也就每年找她来当评审了。

女人说话如果缺乏真诚，就如同滔滔不绝、一泻千里的演讲就算言辞流畅优美，却因为缺少诚意而难以引人入胜；亦如同一束没有生命力的绢花，美丽优雅却不鲜活动人，缺少魅力。事实说明，女人说话的魅力并非你说得多么流畅而滔滔不绝，而在于你是否真诚。

当你用得体的话语表达出真情实意时，自然就为你赢得了对方的信任，建立起了人际之间的信赖关系，对方也就可能由于信赖你这个人而喜欢你说的话，进而喜欢你这个人。因此，女人说话要真诚，竭尽全力将自己的心意传递给对方。只有当他人感受到你的诚意时，他才会打开心门，才能实现彼此的沟通和共鸣。

真诚是一种女人思想上的健美操，需要经过长期的修养锻炼；真诚是一种女人文化的积淀，需要达到一定层次的要求水准；真诚是一个女人整体素质的组成因素，体现着这个人的精神世界、道德情操以及文化素质。

女人说话贵在真诚，当遇到困难、挫折、不幸和苦恼时，真诚的话语和问候能赐予他人极大的安慰和支持。真诚是女人说话的最高境界，一个真诚说话并乐于面对生活的女人，定能成为一个真正拥有幸福和快乐的女人。

女人真诚的话语好比温润的细雨，滋养万物细润无声；好比潺潺的流水，温婉动人丝丝入扣；好比融融的春光，明媚照人风华正茂。女人真诚的话语能把人与人之间的气氛变得愉快、祥和，好比化学反应中的酸碱中和，往往能够化干戈为玉帛，使双方真诚地握手言和！

第 10 章　展现魅力，是拓展交际圈的有效方法

适当表现，第一印象很重要

面对暂时陌生的朋友或同事，你要有意地去主动向其打招呼，主动去建立人脉，有意识地找出自己与对方的共同点，以缩小彼此之间的差距。其后，你就会感受到自己与对方之间存在的一种自然的联系，彼此的关系渐渐融洽、熟络起来了，而随着人际网络的扩大，你的生活和工作也会更加顺利，未来自然是前程似锦。

两个素未谋面的陌生人第一次见面时所获得的初次印象就叫首因效应。心理学家经实验证明，若第一印象中彼此形成了肯定的心理定式，会使人在后续了解中多偏向发掘对方具有美好意义的品质；相反，若第一印象中彼此形成了否定的心理定式，则会使人在后续了解中多偏向于揭露对象令人厌恶的品质。

女人一定要注意给朋友留下美好的印象。第一印象主要是依靠衣着打扮、言行举止、面部表情等，判断一个人的内在素养和个性特征。初次同朋友接触时，温馨的问候、甜美的笑靥、得体的服饰、优雅的举动，都能给对方留下良好的第一印象，而且这种良好的印象将会持续保留下去，令工作能顺利

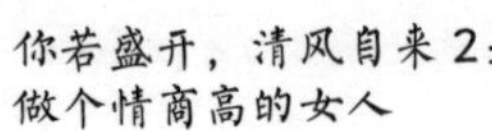

进行。

所以，在同朋友交往之初，你要充分利用首因效应，将自己最美好的一面展示给他们，为日后进一步的融洽沟通打下良好的基础。和同事交往，我们给人的第一印象是非常重要的，某种程度上能决定日后的工作沟通顺畅与否。

遥遥30多岁一直都在做销售，外表娇柔的她业绩却是最好的，每次同顾客谈生意，似乎都不会失败。面对同事们的质疑和羡慕的眼神，遥遥说："从我入职的第一天开始，我就会在每天出门之前照镜子，甚至只要有镜子的地方，我都会留意一下自己，如果你们能像我一样，也会有非常多的客户的。因为良好的第一印象是打开成功大门的金钥匙。"

从遥遥的经验可以看出，重视第一印象确实能让你顺利地在职场上打拼，在生活中结交朋友，因为每个人的衣着打扮和形象都是你个人思想的延伸与扩展，就像当我们想改变自己时，常常都会先改变自己的穿着、打扮、发型。与朋友初次相识，你一定要相信外在形象显示了你的个性，朋友们会根据你的外表决定是否和你交往，所以请务必重视你给人的第一印象。

沟通愉快，构建友好人际网

作为成熟的智慧女人，有合作意识会将更受上司、朋友欢迎。在工作中，赢得同事、老板、客户的理解和支持可更好地开展工作，在生活中赢得朋友的关心、支持能使生活更舒心。不过由于竞争、误解等因素，有时会遭到不理解甚至是排挤。这个时候你一定要镇定、冷静，找机会弄明白缘由后再想办法修补、解决问题。

如果你是一个善于交流和沟通的女人，那么恭喜你，你会很容易交到朋友。主动而真诚善良地接近朋友，在该发言时发表意见，在该关心时显露关怀真情，看到这样的你，相信朋友都会非常乐意去接受你、了解你、熟悉你、认可你。这样不仅有利于你成长，也有利于你开展工作。

面对不友好的朋友，你应该主动向其示好，说不定他们会因此消除对你的敌意。不过，要注意做事的分寸，在必要的时候保护和捍卫自己的利益，面对恶言恶语，你可以忍让，但必须有自己的底线，一味忍让，只能让你成为他人心中懦弱的代名词。

每个人都希望自己和他人之间关系融洽，能良好合作。每个人的思维都不相同，生活中意见相左很正常，如果能平心静气地探讨问题，谋求彼此合作，寻找到最佳解决方案，直至达成共识，你就能不断赢得朋友，心态也会不断成熟。

笑容是亲和力的表现。经常微笑不仅能够展示自己的自信，也向朋友传递了一个积极的心态。喜欢微笑的女人在工作和生活上获得朋友的机会总是比其他人多，所以，学会微笑，能帮你朋友遍天下。

一旦女人心里有了强烈的参与意识，那么，无论什么事就都像是你自己的事一样，在不知不觉中，你的态度和干劲就逐渐好转起来，你就很容易走进朋友心中，让他们觉得你分外亲切，性格格外好，人缘自然也会更加好。

有这样一个实验：实验者登门拜访许多家庭主妇，希望她们支持一项宣传交通安全的活动，只要求她们在一张请愿书上签个名，并告诉她们这个请愿书将交给参议员，使他们为立法鼓励安全行车而努力。所访问的妇女几乎都同意签名。几星期后，另一些实验人员又去要求许多妇女在她们家的庭院草坪上立一块写着“谨慎驾驶”的大牌子。结果，以前同意签名的妇女中有55%的人同意立大牌子，而起先未被要求在请愿书上签名的大多数妇女（83%）都拒绝了这一要求。

心理学家进行的这个实验说明，即使对方对这类事情完全不感兴趣，但如果能在一开始就让对方成为参与这类事情的人，他们就会产生对该行动的态度，即觉得自己对参与的活动负有责任，这就消除了以后从事类似活动的对抗心理。所以，当随后再提出与此类事情相关的要求后，对方就感到不难接受了。

这就说明，在生活中参与意识的重要性。事实上，这种共同参与的意识

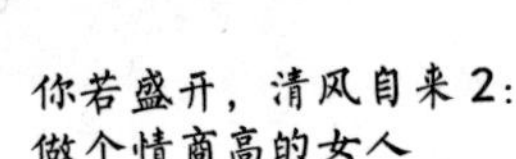

能让人与人之间建立起深厚的友谊，让人觉得你性格特别好。道理很简单，两个一起同甘共苦过的人，感情自然就会很深。即使在陌生人之间，只要有过共同参与某件事情的体验，也会马上成为好朋友。

注意到人的这层心理后，如果你想说服某个人或想在朋友之间建立良好的关系，具体做法就是让他参与谋事或共同行动。扪心自问，相信没有人喜欢被支配，或强迫去做一件事，一个让同事觉得你性格好的秘诀是：让别人觉得那是他们自己的主意。

有些时候，你无法让对方直接参与到某件事中，这时如果能用一种“间接”的方式让对方参与进来，也会大有益处。就比如说在学校里，对一些在课堂上吵闹的学生，大多数老师都以训斥的方法使学生暂时安静下来，但这种方法能令教室内的气氛顿时变得紧张，从而影响学生上课的情绪。但一些成熟的、有经验的老师却不会这么做，他们反而会有意无意地指点那些顽皮学生邻座的同学读一读课文或问一些问题，那些吵闹的同学便立刻安静下来，并且集中了注意力。这也可以说是间接说服的方式，提醒他们参与上课的意识，而且也不会产生紧张的气氛。这种做法也适用于你与朋友的相处过程。

高情商的女人人际关系不会差

女人要在芸芸众生中活得幸福，首先就得受人欢迎，被人接受。这个道理似乎浅显，但做起来就不那么容易了。那么，怎样才能做一个受人欢迎的女人呢？你首先应遵守如下法则。

法则1：记住对方的名字

名字，是每个人最看重的东西之一，如果你能把对方的名字刻在心上，能在第二次见面时，叫出他的名字，这将是一件了不起的事，不仅会给别人留下好印象，还能将自己卓越的智慧展现出来，成为以后良好交往的开始。

法则2：小事儿不要太计较

公交车一向都很拥挤，尤其是上下班高峰期的时候。冰冰好不容易终于挤上了车，但挤车时一不小心，踩到旁边的高个儿大婶一脚。高个儿大婶的大嗓门叫开了："踩什么踩，你瞎了眼了？"冰冰本想道歉来着，但一听这话面子上挂不住了，喊道："就踩你了，怎么着？"于是，战争升级，双方互相谩骂，恶语相加。随着火气的升级，两人竟然动起了手，高个儿大婶先给了冰冰一下，冰冰也立即以牙还牙，两手都上去了，在高个儿大婶脸上乱抓一通。冰冰的指甲长抓破了高个儿大婶的脸，而她自己却没怎么受伤，因此冰冰不禁得意起来。

一进家门，冰冰便向老公倒起了苦水。不过她认为自己没吃亏，反倒把那恶妇抓破了脸，所以讲到这里时一脸的灿烂，这时老公看了她一眼，惊奇地问道："你右耳朵上的那个金耳坠呢？"冰冰一摸耳朵，耳坠早已不见了。

女人们总是习惯性地认为，以牙还牙就是让自己不吃亏的最大原则，如果别人占了自己一分便宜，自己就要想尽办法占三分回来，否则便是吃了大亏，但事实真的就像你想象的那么单纯吗？其实不然，因为当你得意扬扬地以为自己什么亏都没吃进时，实际上反而可能吃了天大的亏。

法则3：说话时尽量常用"我们"

有位心理专家曾做过一项有趣的实验。他让同一个女人分别扮演专制型和民主型两个不同角色的领导者，而后调查人们对这两类领导者的观感。结果发现，采用民主型方式的领导者受欢迎。研究结果又指出，这类领导者当中使用"我们"这个名词的次数也最多，而专制型方式的领导者，是使用"我"字频率最高的人，也是不受欢迎的人。

女人在人际交往中，"我"字讲得太多并过分强调，会给人突出自我、标榜自我的坏印象，这会在对方与你之间筑起一道防线，形成障碍，影响别人对你的认同。

法则4：不要强迫别人接受你的意见

有时候，你很难用简单的是非对错来衡量某一件事情。看问题的角度不

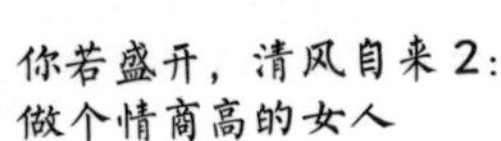

一样，结果也就不一样。有的女人总是试图把自己的观点强加到别人身上，强迫别人接受自己的意见，结果却往往引起他人的不满。

所以，在与别人交往的过程中，你一定要顾及对方的感受，以宽容为怀，即使他人的观点真的不正确，应该坚持与对方共同探讨下去，而不是自以为是地强迫别人接受你的意见。

法则6：要有一颗容忍之心

“心字头上一把刀，一事当前忍为高。”这句话说得好，忍作为一种处世的学问，对于任何人来说都是不可缺少的，因为生活中你会同形形色色的人打交道，也并不是所有的人在所有的时候都谦恭讲理。所以，在面临棘手的事情时，女人要有一颗容忍之心，才不致将事情搞得更糟，才能和所有朋友成为朋友。

良好的人际关系为你增添光彩

在生活中，建立良好的人际互动，得到朋友的尊重，无疑会让女人更受欢迎，同时，对你的生活和工作也大有裨益。

有意见直接向朋友陈述

在生活中，因考虑问题角度和处理方式的不同，你难免会对朋友作出的一些决定有不同意见，甚至是牢骚。这时，你切不可到处宣泄，如果让朋友听到了，便成了让他生气和难堪的话了，难免会对你产生不好的看法，影响你未来的发展。

最好的方法就是在恰当的时候直接找朋友，向其表示你自己的意见，当然，根据朋友的性格和脾气用其能接受的语言表述，这样效果会更好些。若随便发泄，让朋友听到了，那么就意味着你将失去那个朋友，会对你的生活产生极为不利的影响。直接找朋友谈话，他感受到你的尊重和信任，对你也会多些信任，会认为你爱思考、识大体，而更加喜欢你。

让别人有机会表达自己。专心聆听有趣的谈话并努力理解这些谈话。如果你没有认真倾听别人的答案，就不要问那么多问题，或者随便苟同别人所说的任何话，否则会让你显得极不真诚。

观察一些社交性线索。职业心理学高级讲师桑迪·曼恩博士如是说：人们是否在避免跟你进行眼神交流，或者看起来非常无聊？如果的确如此，请检查一下，你是否在向人们传递积极的回应？说话不要太快，不要只谈论你自己，或者用一些无聊的琐事轰炸你的听众。

从比你年长的朋友那里吸取经验

比你年长的朋友，相对来说会比你积累更多的经验，处理问题时，你不妨聆听他们的见解，从他们的言谈间寻找可以借鉴的地方，这样不仅可以帮助你自己少走弯路，更会让他们感到你对他们的尊重，让他们更喜欢你。

对朋友提供善意的帮助

最好主动去关心帮助遇到问题的朋友，在他们最需要得到帮助之时，伸出援助之手，往往会让他们铭记终生，打心眼里深深地感激你，并且会在今后的工作中更主动地配合和帮助你，于公于私都更加喜欢你。

适当“让利”，讨人喜欢

有一些女人和朋友之间无法良好互动，是因为过于计较自己的利益，时间一长，难免会惹起朋友们的反感，无法得到大家的尊重和喜欢。事实上呢，这些“好处”未必能带给你多少发展优势，反而有时候会让你失去良好的人际关系。所以，对那些细小的、不大影响自己前程的“好处”，多一些谦让，这种豁达的态度无疑会赢得朋友的好感，增添你的人格魅力，获得更多的好感，提升你的受欢迎度。

让乐观和幽默伴随自己

生活中，要随时保持乐观的心境，让自己变得幽默起来，因为乐观和幽默可以消除彼此之间的敌意，更能营造一种亲近的人际氛围，并且有助于你自己和他人变得轻松，消除了工作中的劳累，让朋友因为你而更加快乐。

和人打招呼时不要立刻微笑。慢慢地、轻轻地微笑，让对方感到这是他

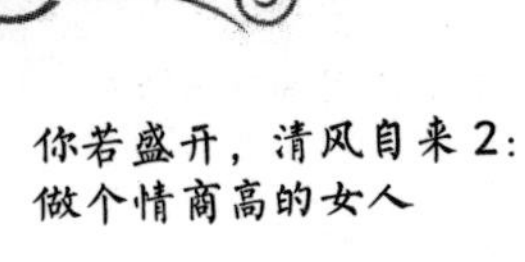

们独享的待遇，不要让别人认为你在遇见每个人时都会自动微笑。你的身体就像一块磁铁：对于你所喜欢的人，你会把身体挪向他，而对于不喜欢的人，你会挪开身体。你可以将身体稍微斜向对方，但不必靠得太近。如果他人将身体靠近你，你也不要明显往后退。如果他们缓慢移开，那你就不要随之移动跟进。

热情洋溢，让自己更有魅力

保证身体健康

保证身体健康是产生热情的基础。女人如果行动充满了活力，你的精神和情感也会充满了活力。

此外，在进行人际交往前，先给自己来一段精神讲话，或说些鼓舞的话。强迫自己采取热情的行动，你就会逐渐变得热情；同时，深入发掘你的话术，研究它，学习它，和它生活在一起，尽量收集有关它的资料，这样做常会使你不知不觉中变得更热情。

应对压力要有正确的方法

为什么当同样的压力来袭时，有的女人安然无恙，有的女人却身心衰竭，就是由于她们使用了不同的方法去处理压力。

那些安然无恙的女人在感觉压力太大时，就进行时间管理，合理地分配每段时间要做的事情，以最佳的状态应对压力。而身心衰竭的女人不是消极地否认压力的存在，就是以更拼命地工作来掩饰问题，这种做法反而会形成恶性循环，使身心更加受累，让自己的工作热情更加低迷。

危机管理是一笔财富

当你的交际热情趋于消失时，就是你面临危机、应该重新思索自己的时候。这时，你应该花点时间静下来思考自己想要什么；擅长哪个领域；性格倾向于和哪些人打交道；这些人能否让你发挥特长；是自己努力不够，还是被摆

错了位置；自己对人脉究竟有哪些期望；想从中获得些什么。

想好这些问题，才能清楚自己处于人际交往中的什么位置，遭遇了怎样的危机，管理好这些危机，才能赢得更广阔的发展。

寻求社会支持

当热情渐渐减少，感到压力缠身时，不妨与亲友、同事一起讨论目前压力的情况，把心里的症结说出，不要闷在心中。

通过交谈，关心你的亲友、同事会给你一个恳切的建议，你可以在他们的帮助下确立更现实的目标，同时对压力的情况进行重新审视。此外，如果确实需要某些实际的帮助，不妨求助于你的长辈。在这些阅历比你丰富的人的帮助下，你更容易适应压力，重新产生好好工作的热情。

让家庭和个人时光为你创造热情

如果你感觉热情不高了，可以和家人去听听音乐、看场电影，或者是进行诸如打球、游泳之类的体育运动。除了享受这些时光之外，抽点时间享受个人时光也是十分重要的，花一点时间反省、沉思、发呆，甚至做做白日梦，都可以起到放松、澄清自己的作用，继而提升自己人际交往的热情。

合理说服，展现敏锐观察力

说服的能力

杰出的表达能力、能灵活说服别人对女人展开人际交往十分重要，同时也能让人感受到你的好性格，见识你的高情商。

你若想在工作中说服他人做某件事，那么就一定不要去讲一些大道理，不要打击对方，伤害对方的自尊。人人都有自尊心，都不愿在人前丢面子。因此，你要想说服别人，就不要把话说绝，给被说服者留点面子，同时告诉他这样做的益处，这样才有利于说服他人。

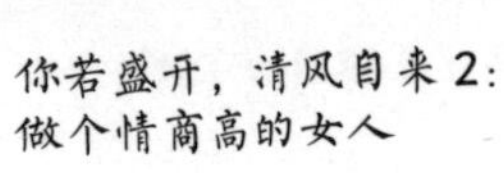

了解对方才能说服对方

要说服对方，就必须先了解对方，女人对他人的思想、感觉、看法了解得越清楚，那么说服他人的可能性就越大。

尽可能全面地了解对方的性格

性格不同的人，对接受他人意见的方式和敏感程度是不一样的。掌握了对方的性格是急躁还是稳重、是自负还是谦虚，有助于我们按照其性格特征，有针对性地进行说服，这样说服的效果更能立竿见影。

了解对方的优点

优点是一个人最熟悉、最了解，也是最自豪的领域。你在说服别人的时候，一定要从对方的长处入手，像有的人擅长艺术，有的人擅长语言，有的人擅长计算等。这样，一方面能增加两人的经验范围，另一方面，我们所要说服的内容他更容易理解，说服的效果也更明显。

掌握对方的兴趣爱好

想必每个人都喜欢从事和谈论自己最感兴趣的事。从这方面入手，打开他的“话匣子”，再对他进行说服，便较容易达到说服的目的。

察言观色，了解对方当时的心情

当你开始说服之前，要设法了解对方当时的思想动态和情绪，这对说服成败而言至关重要。

看看对方有什么其他想法

每个人所坚持的想法或事物，除了一些冠冕堂皇的理由外，很可能还有一些更深层次的原因，而这或许才是其坚持的真正理由。如果你能真正了解他的苦衷，就能有针对性地加以说服。

在开始说服行动之前应该锁定明确的目标人物，找对说服对象，才能事半功倍地实现我们的想法。要怎样才能找到真正有决定权的人呢？实际上，并没有一个固定的方法可以用来确定谁是关键的决策者。因此这就需要你在人际交往中察言观色，会分辨其中的关键人物所在。

此外，一个较为保险的方法是，尽可能地接触职位高的人。但是，有的

时候，真正执行的人比有决定权的人更重要。比如，你推销一种商品，这时，你需要找到总经理，因为他才是有决定权的人，他有权进货。但同时，我们还要去努力说服售货员，虽然他们对是否进货没有决定权，但他们是真正的执行者，他们可以帮助你把产品卖出去。

找对说服的对象是需要敏锐观察力的，这需要你在人际交往中不断揣摩和提炼，慢慢来，相信你的说服力都能得到大幅度的提升，朋友们也会觉得你性格真的很好！

灵活地利用如下技巧，可以让我们在复杂的人际关系中进退自如。

首先，你应该想方设法地掌握双方谈话的气氛。用和颜悦色的提问方式代替命令，充分维护他人的自尊和荣誉，始终营造友好而和谐的气氛，这样说服也就容易成功得多。相反，如果我们在说服他人时不尊重对方，总是拿出一副盛气凌人的架势，那么对方就会厌恶，说服也多半会失败。毕竟人都是有自尊心的，都希望得到尊重，谁都不希望自己被他人不费力地说服而受其支配，丧失自主权。

其次，要想说服比我们强大的对手，不妨采用争取同情的技巧达到目的。大家都知道用威胁的方法可以增强说服力，尤其是用得恰到好处时，善意的威胁能使对方产生恐惧感，从而达到说服目的，成功拿下被说服者。虽然威胁能够增强说服力，但是，在具体运用时要注意以下几点：态度要友善、讲清道理说明原因、威胁程度不能过分，否则反会弄巧成拙，产生不良影响。

再次，当你和要说服的对象较量时，彼此常常都会产生一种防范心理，这时，我们要想说服成功，就要注意以情动人，消除对方的防范心理。其实，从潜意识来说，产生防范心理是一种自卫，也就是当人们把对方当作假想敌时产生的一种自卫心理，那么消除防范心理的最有效方法就是以情动人，表示自己是朋友而不是敌人。

对付那些总是喜欢拒绝的人，你如果一开始就提出问题，绝不能打破其“不”的心理。所以，你得努力寻找与对方一致的地方，并尽力弥补自己的不足，让对方减少对你的偏见，渐渐开始赞同你。

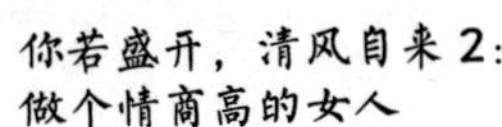

最后，若是你能站在他人的立场上分析问题，就能给他人一种为他着想的感觉，这种同理心有着极强的说服力，往往能帮助我们轻松实现目的。你要想做到这一点，“知己知彼”十分重要，唯先知彼而后才能从对方立场上考虑问题，以心交心。

第 11 章　培养兴趣，让工作不再枯燥乏味

有兴趣的工作会使你更快乐

每个女人在生活中都有自己的兴趣和爱好，但常常有人以为这只是一种业余的消遣，不会想到将其发展成真正属于自己的事业。其实对女人来说，事业的目标最好按兴趣来制订，做自己喜欢的事情必能增添你的信心，激发你的动力。

以做自己喜欢做的事为主来制订事业的目标，对女人来说非常重要，这样工作对你而言，就是乐趣。健康而广泛的兴趣能拓宽你的求职之路、事业之路，进而成为事业成功的基础。

对女人来说，事业之路是艰辛而沉重的，唯有做自己喜欢做的事，你的工作就是你的兴趣所在。选择你感兴趣的事业去奋斗你才会投入全部热情不断钻研、不断深入，最后闯出自己的一条路来。燕燕就是这样一个以“做自己喜欢做的事”的女人，如今，她已经实现年收入上百万元。

燕燕从小就喜欢望远镜。大学毕业后，燕燕开始代销天文望远镜、显微镜、照相器材等光电仪器。刚刚起步的时候，燕燕为了从正规厂家进货，坐飞机去西安、昆明等地与厂家谈判。对方看她是个女人，根本不信任她，只给了

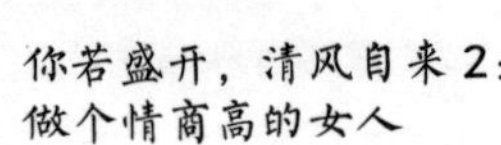

她少量货品，价格还很高。但是，燕燕用实际行动改变了他们的观念。

日后，燕燕的望远镜销量突飞猛进，单是某个品牌的望远镜就卖了上百万元，在整个省销量排第一名。代理公司特聘她为公司技术顾问，并将公司在该省的代理权免费授予她，单此一项，就帮燕燕省了50万元代理费。现在燕燕代理尼康、佳能等25家光学仪器的产品，其中有6个品种是全省代理，年赚百万元。

因为对望眼镜有兴趣，燕燕干起事业来也特别有心。她的丈夫和孩子也被她培养到这条路上来了，她还和几个好友共同成立了天文爱好者协会，并和不少专家学者成了好朋友。协会经常组织中小学生到天文台免费参观，并在高校内设立了分会。这样，燕燕将天文爱好者逐渐聚集到一起，生意也越来越好，销量翻了好几番，年收入也越来越可观。

燕燕做着自己喜欢的事情，再加上她对望眼镜的热爱和精通，都为她的事业提供了诸多便利，增加了成功的概率，当然，家庭的支持也功不可灭。

女人在做选择时，如根据自己的兴趣确立目标，则能少走许多弯路，最大限度地降低创业风险。众所周知，兴趣是最好的老师，如果你对一件事物产生了兴趣，就会调动自身的潜能、时间和精力去接触、去体验，不管遇到什么困难险阻，都能坚持下去。这种精神状态就是女人所必须具备的人生心态。而做自己喜欢的工作，就为我们增加了无形的推动力。芳芳就是凭着自己对钻石的兴趣，最终建立了自己的事业。

读书时，因为文化课成绩不好，芳芳非常沮丧，这时老师对她说："成绩不好不代表你不是好孩子，但你必须明白两件事，一是要有一技之长，二是要做自己感兴趣的事情。"正是老师的这番话，让芳芳开始寻找自己的兴趣所在，她清楚她从小就喜欢研究妈妈的嫁妆——钻戒上的钻石。

经过几年的学习，芳芳开始在这个行业闯荡了。此后，芳芳倾尽心力钻研钻石的种类，并将此定位为自己的终身事业，她主动看完了上百本关于钻石鉴定的书籍，而且在研究探讨的过程中，还结识了现在的丈夫，有了自己的小家庭。

面对纷繁复杂的钻石市场，芳芳突然觉得理论知识完全用不上，但她凭借自己的兴趣在摸爬滚打之后还是找准了市场定位。从芳芳独自进货到如今，已经整整8年了，如今她也算是个钻石鉴定的行家。

一番辛劳过后，芳芳创立了自己的钻石店，专卖钻石并免费为客人提供鉴定业务，渐渐地，她的店里有了越来越多的回头客，也有越来越多的人信任她的鉴定能力，就这样，芳芳完全靠着自己的兴趣和坚持不懈的努力，成了一名小有名气的钻石老板。在谈到自己成长的经历时，芳芳说："女人为自己拼未来，一定要做自己喜欢做的事情，这样，才能不怕困难，才能事半功倍地达成预期目标。"

芳芳从开始就确定了"做自己喜欢做的事"的想法，然后根据兴趣制订了明确的目标。有了兴趣，有了座右铭，所以挫折就不再是挫折，工作就不再只是工作，痛苦也不再成为痛苦，这一切都成了追求兴趣路上的美好体验，成了一种享受，成了前进的意志力，成了完成整个事业征程的助推器。

威廉·奥斯勒曾说过：人若无嗜好，便不会感到真正的快乐和安全，至于这种外在的兴趣是什么，则无关重要。是甲虫或蝴蝶，是郁金香或鸢尾花，是钓鱼、登山或古董……什么兴趣皆可，只要能跨坐在一项嗜好上认真骑乘，随便什么都行。

以兴趣为目标创业，才能为女人增添一抹亮丽的色彩，让前进之路变得诱人而生动，精彩而奇妙!

只要女人在为自己的未来奋斗时，善于寻找并坚持真正属于自己的兴趣或爱好，并能主动投身于自己喜欢的事情，有将其做大做强的意图，就一定能甩掉涉世之初不如意时的烦恼、苦闷，进而体味到创业中的自我满足与喜悦。

行动的力量远比你预想的强大

行动起来，不断学习，女人才能不被虚无的东西所累，让自己不断积累

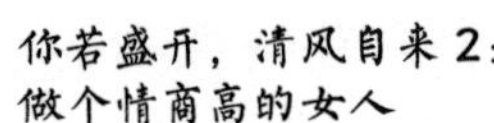

做人经验、处世的智慧，一步一个脚印，脚踏实地地去体会和感受自己的蜕变。

对女人来说，社会不是学校，不是以考试成绩说话的，而是要看实际成效。想法再好，不能变成利润，对于社会来说，都没有任何用处，只有用行动证明一切，才能尽快适应社会，游刃有余地走向成功。

女人们在不断走向成熟的过程中，在不同的阶段也许会有不同的想法和关注点，但只想是不会带来任何实际效应的，只有用行动充实想象才能带来意想不到的收获。阿橘正是以此教育刚入职的年轻下属的。

刚接管某市场的阿橘，打算重新启动该市场。为了让手下的员工了解该市场，阿橘组织他们开展了市场调查。几天后，一位同事递交了他调查的结果及市场启动方案、费用预算。乍一看这厚厚的一叠的终端进场费用申请及促销方案，阿橘不禁连声夸赞这位年轻人工作效率高，再看看他疲惫的脸上挂着的黑眼圈，阿橘直叫他忙完后赶紧休息一下，不要因为工作累坏了身体。

可是，当阿橘拿起报告仔细一看就皱起了眉头，原来所有的费用申请都高于公司的预估，而且促销方案千篇一率，没什么建设性意见。于是，阿橘问年轻人："以上数据是如何得来的？为何费用会这么高？为什么没有终端进场、推广、建设、提升的系统方案，而只是一些要钱的数字？你到底去市场实地考察了吗？你与采购是怎么谈判的？"这位年轻下属怯怯地说："大部分卖场我都去转过了，不过大多数的采购及店长我都没见到，这些费用都是经销商的业务经理谈的，有些特殊陈列的价格是我问的别的厂家，别的品牌也是这么多，我觉着应该也差不多！我是这么想的，然后通过大学里学的课程推算出来的。"

阿橘听后，哑然失笑，对他说："借用毛主席的一句话——没有调查就没有发言权，数据这些东西是要实事求是的，方案是要量体裁衣设计的，凭空想象能想到市场的千变万化吗？一步一个脚印地行动才能创造出好的方案、销量！记住——用行动祈祷比用言语更能使上帝了解，这就是我们公司能有今天的秘诀！"

女人在社会上，用脚步丈量市场、用实干开拓业绩才是上上之策，阿橘说的正是如此。女人们的生活智慧，首先要学会做人做事的态度，把行动摆在第一位去了解社会，才能更深地认识社会，更好地规划自己的人生。

俗语说："秀才造反，十年不成。"言下之意就是把力气全花在嘴巴上了，真正事情没有人去做。对女人也是如此，不是只要提出一个好建议、有了一个好想法以后，一切就能实现了，就有功劳了，而是要将所有的想法付诸行动，才会有实现的可能。

对女人来说，在社会上为理想拼搏，就不能幻想"船到桥头自然直"。渴望凭借自己卓越的头脑舒舒服服地想方案，轻轻松松地创业绩，那是很天真的想法，只会到处"碰壁"。

所以，请不要让自己的想法只流于表面，也不要让我们的行动永远在"明天"。光阴如流水，既不停步，也不回返，正如"明日复明日，明日何其多。我生待明日，万事成蹉跎"所言，唯有把握此刻，脚踏实地地行动，才能让上帝听到你的心声，才会创造出属于自己的灿烂未来。

所谓"现实是此岸，理想是彼岸，中间隔着湍急的河流，行动则是架在川上的桥梁"。实现梦想是一项实打实的工作，干一件是一件；种瓜得瓜，种豆得豆；一分耕耘，一分收获。有了想法，还需要我们一件一件地去行动、去落实！

学会控制自己的情绪

女人要走向成功，最大的敌人或许并不是与机会失之交臂，不是自己缺乏经验，不是自己琐事缠身，而是容易冲动，生气时，无法制怒，缺乏对自己情绪的控制。

若想使自己在社会上能发展得如鱼得水，当务之急就是理解控制自己情绪的重要性。身为女人，情绪难免容易波动，容易受外在事物的影响，但在生

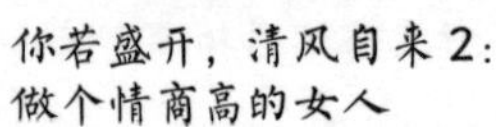

活和工作中，若是你以忧郁、黑暗和悲观的态度面对一切，看到的也注定是忧郁、黑暗和悲观的画面；相反，若是你能控制自己的情绪，凡事莫生气，相信你看到的便是生气勃勃、欢歌笑语的美景。小莲便是以此开创了她的灿烂事业。

身为保险公司经理的小莲，从她开始这份工作算起，她进入保险业已足足有10个年头了，她的办公桌上摆满了这些年获得的奖牌。面对所有的奖励，任谁也想不到，小莲这10年的保险之路走得多么不容易。

那时股票市场还未低迷，小莲到证券公司门口时，发现有位穿黑大衣、貌似黑社会“大哥”的人走进大厅。小莲心想这位“大哥”应该保医疗意外险，他的家人才有保障。于是，她决定在门口等他。中午，果然黑衣“大哥”缓步下楼，她立刻上前递名片，问他：“你要保险吗？”“大哥”顺手拿起名片，将嘴里的槟榔汁吐在上面，随手一撕丢在地上。

此情此景让小莲非常生气，她本想冲上去和“大哥”争执一番，但她想到如果不能控制自己的情绪，连这点智慧都没有，那么以后的工作还怎么开展？于是她在心中对自己说：“别生气，为这种人不值得我生气，尊重我名片的人才是我应该珍惜的。”

说到控制自己的情绪，小莲常感叹自己脾气并不太好，容易生气，之所以能承受数以万计的白眼与轻视，主要是因为她认定了女人要成功，一定要有控制自己情绪的智慧。秉持着这样的理念，小莲学会了控制自己的情绪，每当负面情绪涌上时，她就告诉自己：“我是聪明的女人，我不能让我的情绪失去控制。”

当女人在社会上追求某种东西而得不到或他人的言行伤害到你时，为了减少内心的郁闷、失望、生气，不妨为自己找一个冠冕堂皇的理由，就此安慰自己，控制住自己的情绪，让自己冷静下来。小莲的这种自我安慰法不失为“控制情绪”的一味良药。

还有些什么方法能教女人将控制情绪运用到生活中，让日子每天都幸福欢乐，事业每天都顺顺当当呢？这就需要你学会：沮丧时，你应该引亢高歌；

悲伤时，你索性开怀大笑；病痛时，你更加用心工作；恐惧时，你奋起直前；生气时，你迎难而上……你必须明白，身处多变的社会，你不能放纵自己的情绪，不能让冲动毁了一切，只有如此，你才能掌握自己的命运，最终用行动打败曾经轻视你的人。

“平时学会自己控制情绪的能力，才能养成自制的习惯，有助于在情绪发作时拥有更好的反应能力。”美国情绪管理专家帕德斯如是说，同时他也告诉了我们两个行之有效的“控制情绪”的方法：

善于转移情绪。当气愤情绪上涌时，有意识地转移话题或做点别的事情来分散注意力，便可使情绪得到缓解。在余怒未消时，可以多做些有意义的轻松活动，待紧张情绪松弛下来后，再继续投入工作。

学会宣泄情绪。女人在社会，身不由己，难免会产生各种畏难、愤懑情绪，如果不采取适当的方法加以宣泄，并学会调节、控制，则会对事业发展产生不利影响。因此，当你遭遇不愉快的事情或委屈时，不要压在心里、郁郁寡欢，而要向知心朋友和亲人说出来或选一种适合自己的方式发泄，如此，可以释放积于内心的郁积，有利于你的身心健康。当然，发泄的对象、地点、场合和方法要适当，切记避免伤害那些关心你的人。事实上，阿Q精神就是一种控制情绪的方式。

凡事莫生气，能及时控制情绪，会降低女人愤懑情绪的爆发概率。此外，良好的情绪还会感染他人。若你有乐观的情绪、开朗的笑容，想必一定会感染你的同事、上司和客户，让你们拥有更紧密的团队凝聚力、更顺畅的发展道路。所以，为了你的工作和生活，大家一定要学会“控制情绪”，以最佳的状态开启你的成功之门，赢得最广阔的发展天地！

推销自己，善于展现自己的才能

推销自己是每个人与生俱来的一种基本能力。“如何推销自己”是摆在每个女人面前的一道必选题，也是你一定要掌握的智慧之一。有些女人一辈子安于现状，一成不变地生活着，这种女人不知道世界，世界也不知道她，一生也终难有大成就。

这世界人人都有推销的潜质，政治家推销自己的政见，老师推销自己的知识，商人推销自己的商品……所以推销自己对于任何女人都非常重要。美国著名企业家卡耐基把推销自己看作人的一种能力、一种才华和一种艺术，他说，推销的第一个对象是你自己，你越是对自己有信心，越能表现出一种自信的气概。

推销自己，善于抬高身价与女人的为人处世息息相关，生活中的每一个环节都需要发挥推销的功能。例如，向老板推销自己，向朋友推荐自己，向家人推荐自己等。生活中，你几乎每天都要推销自己。只有当你学会了推销自己，才有可能拥有一切。

晓晓结婚生子后，一直在做全职太太，但现在她发现在家里待久了容易和社会脱节，于是，她开始着急找工作了。一天，她在报纸上看到了一份适合自己的工作。于是，她把简历发了过去，并接到了面试通知，让她隔天早上8点去面试。

第二天一早，晓晓如约赶到面试地点，却沮丧地发现前面已有35位求职者在排队了，而她排在第36位。晓晓想："如果我就这么等下去，说不定轮到我的时候老板早已确定人选了。"于是，她急中生智，拿出一张纸，写了一句话，恭敬地对工作人员说："不好意思，麻烦你马上把这张纸条交给你的老板，这非常重要。"

工作人员把纸条交给老板，老板一看，笑了，只见纸条上写着："考官大人，我排在队伍的第36位，在您看到我之前，请不要做决定。"就因为这句话，老板对晓晓的印象非常深刻，觉得晓晓是一个善于推销自己的人，再加之招聘的岗位正是销售员，于是，晓晓如愿地进入公司，且报酬丰厚。

在你的周遭，是否会常常看到有的女人满腹才华，却找不到理想的工作？有的女人工作敬业，却得不到上司的赏识？在你感叹世道不公时，是否发

现这一切皆是因为她们不善于推销自己，从而埋没了自己的才能。由此看来，成功地推销自己是女人实现理想的第一步。

任何人的成功都离不开推销自己，对女人来说也不例外。只有善于推销才能让你人生中的伯乐发现你，继而为你提供展示的舞台。懂得并善于推销自己是女人必须修炼的一门技术。女人的一生都需要推销，推销自己无处不在。无论是实现自己的人生价值，还是为社会多做贡献，都应该做到勇于推销自己，善于推销自己。总之，推销自己、善抬身价是一种才华，也是一种艺术，更是一门人生智慧，需要你在实践中不断摸索、总结。

没有人会喜欢那种唯唯诺诺、少言寡语的女人，在人们看来她们好像根本不知道自己在乎什么或要什么，因此，她们成功的机会也就少很多。女人善于推销自己并不是吹捧自己，也不是阿谀奉承，而是尽力展示真实的自我，展现自己的才能。当你能够善于推销自己的时候，就会发现，你一直在追求的东西竟不期而至了。

适应社会，接受挑战

在女人的生命历程中适应的问题无时不在。生活不可能静如止水、波澜不惊，总会发生各种变故；生活不可能总是顺风顺水、一马平川，总会遭遇失败和挫折；生活不可能总是舒畅悠扬、无忧无虑，总会经历厄运和灾祸。当横生变故时，当遭遇失败和挫折时，当经历厄运和灾祸时，女人应对的关键便是适者生存。

适应社会的女人是勇敢的挑战者，她们敢于接受一切。当客观现实发生变化时，她们敢于走出昨天，直面现实，接受变化。因为她们明白生活由不得自己、时光由不得自己，要生活下去，灵活处事，就必须接受生活中种种不愿接受的变化。接受和适应现实，是在心理上认同，情感上容纳；接受和适应生活，就是走出“怀旧”情结，消除负面情绪，重整旗鼓，面向未来。

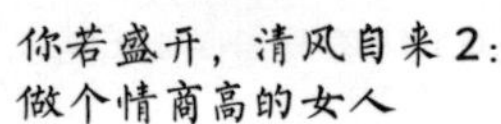

一个住在美国弗吉尼亚州的农妇买下了当地的一个农场，不久便发现自己上当了。原来，这是一块既不适合种植又不适合放牧的贫瘠土地，那里除了一大片白杨树外，就是令人望而生畏的响尾蛇。

认真思索一番后，她意识到：不能把宝贵的时间浪费在毫无意义的后悔中，必须寻求办法以改变不利的现状并从中获利。后来，她想出了一个很好的方法：利用这里满山遍野的响尾蛇建设成响尾蛇生产基地。于是，她有计划地捕捉、繁殖响尾蛇，从她养的响尾蛇中提取出蛇毒，运送至各大药厂做蛇毒的血清；用响尾蛇皮以低价做出皮鞋和皮包出售；以响尾蛇肉制成罐头销往世界各地。

得益于她独一无二的眼光和坚持不懈的努力，仅仅只用了几年的时间，她的生意就红火起来，不但客户络绎不绝，每年到她的农场来参观、考察的就有几万人，这个村子也因此成为远近闻名的响尾蛇村，而带动了整个村子旅游业的发展。

对女人来说，生活就是如此变幻无常，损失中隐藏着利益，黑暗中孕育着光明，灾难中隐藏着商机。正是这个农妇勇于适应，才挖掘出了这块荒地中难得的宝藏。

女人每一次适应，都是对自己的严峻考验和挑战，甚至是一种撕心裂肺的整合和脱胎换骨的磨砺。女人要不断调整自己的意志、性格、能力以跟上社会发展的步伐。大千世界，芸芸众生，每一秒都在变化着，女人只有不断调整自己的状态，才能完成挑战自我、战胜自我、超越自我的适应过程。

适应社会对女人而言，是一种无畏的选择、奋力的拼搏、艰难的洗礼。适应是女人一生中别无选择的课题，处事之道，勇于适应者方能生存。当外界事物发生变化时，当周遭人群遭遇变故时，女人要懂得改变自己的心情、处世之道，如此才能步步为营，无往不胜。善于适应的女人并不是为了选择生活环境而去强求自己的转变，而是为适应生活环境去获取生存的机遇。

适者生存不仅仅是一种方法，更是一种处事的智慧。女人只有不断调整自己，适应社会，才能坚定自己的意志、磨炼自己的毅力、增强自己的信心、

开拓自己的眼界，从而不断成长、成熟，女人的生命之歌也正是在不断的适应中谱写一个个音符。每一次酸甜苦辣、成功失败都充实了女人的内涵，丰富了女人的色彩，造就了女人的坚定力量。

善借者赢，重视团队的力量

俗话说："好风凭借力，送我上青天。"女人倘若懂得借力而为，则是人生的一种智慧。其实作为一个女人，如果你想成就自己的理想、拥有骄人的事业，不必样样都要胜过他人，正所谓"人无完人"，自己总会在某些方面不如别人，但这并不重要，重要的是你必须善于借力而为，诚如阿基米得所说：给我一个杠杆，我就能撬起整个地球！

女人要想在社会上立足，一定要有心机，能把握任何通往成功的机会；同时善于借力，顺风而上，毕竟一个人的力量是有限的，只有借力才会达到效果，如此方能到达胜利的彼岸。

无论你从事的是什么工作，只要你善于借力，你就是一个聪明的女人，一定能够心想事成，且事半功倍地达成目的。女人的成功不在于你拥有多少谋略和资源，而在于你是否善于充分利用这些"财富"，能否机智地借助各种力量为自己服务。将别人的长处最大限度地变为己用是实现成功的捷径。

曾经，两个饥饿得濒临死亡的女人得到了长者的恩赐：一根鱼竿和一篓鲜活硕大的鱼。她们其中的一个人要了一篓鱼，另一个人要了一根鱼竿，而后分道扬镳。得到鱼的女人在原地引燃篝火煮起了鱼，因太久没吃东西了，她狼吞虎咽，转瞬间吃了个饱，这样的日子没过几天，鱼就被她全部吃光了。不久，她便饿死了。

而得到鱼竿的那个女人，提着她的鱼竿，忍饥挨饿地朝着海的方向走了几天，当看到湛蓝湛蓝的大海时，她已用尽了浑身的力气，再也走不动了，最后只能倒在了鱼竿旁，带着对海的无限眷念告别了人间。

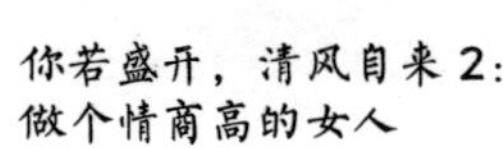

过了很久，又有两个饥饿的女人得到长者同样的恩赐。但她们没像前两个女人那样各奔东西，而是用尽全力、彼此扶持共同去寻找大海。一路上，她们每次只煮一条鱼，终于，在经过艰难的跋涉后她们来到大海边。此后，二人开始了捕鱼为生的日子。

这样的生活过了几年，她们建起了自己的房子，拥有了各自的家庭和渔船，过上了幸福似天堂的生活。

面对长者同样的恩赐，四个女人表现各异，也导致了生命不同的走向。后两个女人的幸福生活正是“借力是福”的真实写照。

女人的智慧在于拥有高远的目标却立足现实，能运用智慧，借力而为，发挥双重功效，高唱获胜之歌。就像“三个臭皮匠，顶一个诸葛亮”所说，女人做人最大的智慧莫过于博取和运用众人的智慧、才能，千秋伟业常常都是如此“借”来的。

一直以来便有“山外有山，人外有人”的说法。自然，借助各种智慧和力量助己成功，是女人必不可少的做人智慧。一个聪明的女人会善于发现并加以利用他人的长处而不是嫉妒，能协调别人为自己做事，在众人的力量下走向成功。

第 12 章　潇洒人生，追求给人生重新定义的机会

珍爱自己，给心情放个假

在纷繁复杂的生活中，女人奔波挣扎，难免因不能承受之重，让心疲惫不堪，这时，不如给自己的心情放个假。放首爱听的歌曲，躺在床上，闭目聆听，让音乐放松你绷紧的心弦；寻一个宁静的地方，远离喧嚣，让清新的空气包围你，让烦恼荡然无存；点一支红烛，与爱人相偎，呢喃细语，让甜蜜抚平你的创伤；品一杯香茗，回忆一段往事，记录一段时光，让记忆清醒你的思绪……

给心情放个假，留一点时间，品味真实的生命，享受人生的美好，不要在忙碌中错过了人生旅途中的亮丽风景。女人也许无法卸下所担负的所有社会责任，但仍能偷得些许的闲暇，让思想去旅行！

凌静最近两个月都很忙碌，这使她的精神状态紧张到了即将崩溃的程度。她说："有一个周末，为了能在周一前把资格考试的习题都做完，我连着两天每天只有4个小时的睡眠，那个时候脑袋里没有别的，就是一个信念，必须按照计划把自己定的任务完成了，睁眼就做题，吃饭也是匆匆了事。"一天，朋友打电话来，她们聊着聊着，凌静就想笑，想大声地笑，差点把朋友吓

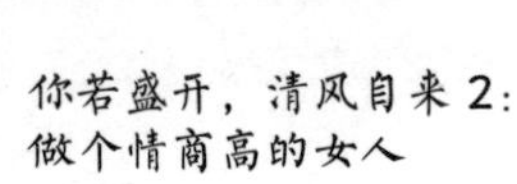

坏了，以为凌静精神出了问题。于是，凌静就告诉她："我最近太累了，我需要释放我压抑的心情，笑一笑我心里舒坦了好多。"

后来，还有一个星期，凌静有两天连着考两门很重要的资格考试，她本身并不紧张，因为她觉得复习得不错，但是她晚上睡下后，连着好几个早上很早就醒了，醒来后就再也睡不着了，满脑子都是空白，为了考试时能有一个好的精神状态，她就逼着自己接着睡，但是辗转反侧，怎么也睡不着，结果考试时状态就不怎么好，也没发挥出理想状态。考完后，为了缓解压力，她便向公司请假休息了几天，给自己的心情好好放了个假。

在家里的几天，凌静听了好久没有听音乐，静静地坐在电脑前享受那种触摸心灵的感觉。她说："我是一个愿意享受生活，享受每一天、每一个过程的人，但是最近所有的事情都匆匆而过，让我的心灵也感觉匆匆，人在奋斗和拼搏的过程中尤其需要一种心境，一种让自己感受心灵的心境。偶尔给心情放个假，在匆忙的路上享受一下路边的景色，也别有一番情趣呢。"

凌静的现状是我们很多女人的写照，当你感到累的时候，你的心情一定更累。这时，一点不顺心、不如意，就会让我们的心情跌落下来，进而满腹牢骚、满腹伤感，所以随时给心情放个假吧，自己也会活得轻松一些。

俞夏转眼间已经踏上讲台7年了。从当初的满怀激情与梦想，到现在的平淡与挫败；从当初在课堂上感到满足与快乐，到现在课堂上板着脸孔不愿多露一点笑脸；从当初兴高采烈地在课间与学生畅谈，到现在的疲惫不堪不想多说。这一切的变化，让俞夏的心情也降到了低谷。特别是她恰好接受了学校的安排，当上班主任，那不堪重负的"累"就如影随形，怎么也抛不开。一天，俞夏因学生问题与校长长谈了一番，校长告诉她说："能救你的人只有你自己！要让自己快乐很简单也很复杂，那就是改变自己。只有自己快乐了，学生才会感受到快乐。偶尔也给你自己的心情放个假吧，不要把自己禁锢着，尝试用一颗快乐的心去迎接生活！"当俞夏整理好自己的心情，重新用笑颜去迎接学生时，学生们居然会有一种受宠若惊的感受，议论纷纷说："老师，您今天遇到什么喜事了吗？"这时，俞夏才发现原来她离学生们已经这么远了。她告

诉他们说："你们的进步就是我的喜事呀！"学生们都开心地笑了。此时，俞夏才庆幸自己还能及时回头。

是呀，作为教育者能给学生们什么呢？除了知识，更重要的应该就是给他们留下一段快乐的回忆。俞夏才意识到给自己的心情放个假，同时也给学生们的心情放个假的重要性。

女人常因身不由己而无法跳开自己的生活圈子，殊不知，心情是能自己掌握的。偶尔让自己随着风自由飘荡，感受无拘无束的飞翔，体会一片幽静吧。快乐不是等来的，而是由自己创造的，俞夏的快乐就来自她的"心灵假期"。

整天"两点一线"地围着工作和家庭，终会有累的一天，身在职场的女性记得给自己的心情放个假。适时放松自己的心情，回归大自然的怀抱，在心旷神怡的广阔天地里呼吸，做真实的自己，让心去旅行，用心去品味美好的一切，才能感受生活的美妙，感悟人生的真谛！

不拘小节，何必跟小事较真

在我们的日常生活中，有很多这样的女人，她们面对各种艰难险阻都非常勇敢，却被小事搞得心烦气躁、垂头丧气，尤其是琐碎的家务事。正所谓"清官难断家务事"，其实这并非清官无能，而恰是他们的高明之处，因为生活中有太多事情是不值得女人去计较的。

为小事而烦恼、伤神，这是每个女人都会遇到的：或生活上的，或工作上的，或学习上的，或家长里短的，或金钱纠葛上的……所有不顺心的事都会让我们觉得不如意，如果整天想着，天天愁眉苦脸的，那就更难如意了。

不要经常为小事而烦恼，过去的事就让它过去，解决不了的就放下，总之让自己放松下来，用笑脸迎接一切，让自己的生活过得开心。人数十年的生命何其短暂，切莫让小事绊住了我们的脚步，不要让琐碎的烦恼浪费我们宝贵

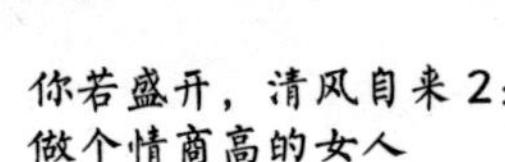

的青春。

丽娜在所有人眼里都可以称得上是一个成功的女人。她不到40岁就拥有了一家业绩骄人的公司，大家都非常愿意和她相处，做生意时也会觉得和她合作很愉快。因此，她的生意越做越好。经常有同龄的女客户好奇地问她：保持青春的秘诀是什么？丽娜总是这样回答："大概是因为我没有烦恼吧！年轻的时候，我常常为鸡毛蒜皮的小事烦恼。后来，我爸爸因车祸去世了，我忽然发现自己看开了世间的烦恼，从此成了一个快乐的人。"丽娜接着说，"其实我爸爸也挺不容易的，他车祸去世前几天，正为公司少了一笔10万元的账而烦恼。那天，他忽然心血来潮把会计的账本拿出来瞧。管会计的人是他的合伙人，爸爸开始怀疑两个人多年来的合作是否都有被吃账的问题。我爸爸因为这笔钱睡不着觉，开始喝酒。有一天晚上应酬后开车回家，就发生了车祸。爸爸走了之后，我妈妈处理他的后事时发现，他的合伙人只不过把这个公司的10万元挪到一个子公司用，不久又挪回来了。没想到我爸爸为了这笔钱，最终……从我爸爸身上，我得到了这一教训，不要制造烦恼，不要自找麻烦。"

从丽娜爸爸的经历我们可以感悟到：女人如果总因为不可能发生的事、不足挂齿的小事、事不关己的事而烦恼的话，日积月累下来，便会成为心病，甚至危及自己的生命。

也许你认为要想克服因一些小事所引起的困扰十分困难，其实不然，只要稍微转移或改变一下自己的看法和重点就可以了。在烦恼摧毁你的心态之前，先改掉为小事抓狂的习惯吧，请记住：不要让自己因为一些应该抛开和忘记的小事烦心，生命太短促了。

一次，铭铭家的电冰箱不知道什么原因坏了，这让铭铭不由得发起火来。她想这冰箱是名牌原装的，质量保证没问题，肯定不是因骤然停电造成的，一定是老公给电冰箱做清洁时弄坏的。当时老公对她说："把维修人员找来不就解决了吗？"可铭铭当时一是顾虑那样花销太大，二是怕入户师傅是一个"二把刀"，这冰箱是原装的，怕他修不好再把原装破坏了。老公见铭铭这样，好像是在跟自己过不去，就拿起电话把他的朋友小君找来。小君问明

情况后对铭铭说：“你这冰箱已用快10年啦，虽是原装但容量小，而且是被淘汰的老型号。如果换代买新型冰箱作价不过百元，如果把这冰箱卖给一个蹬三轮收家电的可能就值50元钱。就因为这件老掉牙的家电，发这么大的火你值得吗？”铭铭觉得小君的话挺有道理，是啊，不至于发这么大火，还影响了老公的心情。

等铭铭心情平复后，小君还不忘对铭铭进行一通劝说。他让铭铭在以后遇到事情时不要自己跟自己较劲，自己想不通可以和老公商量。此后，铭铭老公说铭铭的脾气小多了，心态也平和了不少。

生活中不要因一些鸡毛蒜皮、微不足道的小事而烦恼，像铭铭这样为了一个旧冰箱出故障而耿耿于怀，影响自己和老公情绪，不正是在浪费自己时间、白白耗费精力吗？

想想看，烦恼不但解决不了问题，相反会把问题复杂化。人生在世就那么几十年，为什么非要让烦恼来占据自己的生活空间呢？所以，女人要善于调整自己的心态，学会用忍让、宽容、知足常乐之心排解生活中烦心的事情，化干戈为玉帛，才能不为小事伤身。要知道，换一种角度看世界，世界就会因你而不同！

用心享受慢节奏生活的乐趣

学会几种慢慢生活的方式，你能更加快乐。

调查显示，身材丰满的女人更易在职场中获得快乐，这是因为她们身上的“优质脂肪”在一定程度上能提高“快乐荷尔蒙”的分泌速度和强度，因此，女人让自己稍微胖点也无妨。

一天的开始，先来我们试试看慢慢呼吸吧，人类正常的呼吸速度是每分钟16～18次，若你能将呼吸的速率降为每分钟10～12次，舒压效果会十分良好。走路时，请别忘了有意识地将脚步放慢，专心地走路，心无旁骛地用心踏

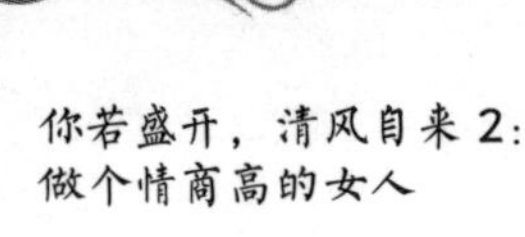

出每一步，就能帮助自己在短时间内，从纷乱的心绪中抽离。

吃饭的时候，你可以慢慢夹起食物，定神仔细观察，然后慢慢放入口中，闭上眼，咀嚼20下……每次吃饭至少用一半时间做这个练习，不但更能享受美味，更能因此而轻松不少。

在工作和生活中，如果你想快速回忆起某件事，只要将眼球左右转动30秒即可。眼球水平转动，可让大脑的左右半球互相沟通，这样能提高记忆力。如果白天上班时听了太多噪声，晚上回家，即使在安静的环境中睡觉，脑皮层神经细胞也会"记录"下你当时听噪声时的心情，作用于你的潜意识，让你睡不着！因此要想拥有一夜好眠，不论何时，一听到噪声，请立即戴上耳罩。

办公室坏情绪来自同事间的相互传染，愤怒、悲伤、忐忑不安等常见职场负面情绪可通过人与人间的心电感应迅速传播，气温越高，传播速度越快，这也是夏天常有"无名火"发生的原因。因此你一定离那些坏心情的同事远一点。使人平心静气的三项法则是：首先降低声音，继而放慢语速，最后挺直背部。情绪激动时人们通常身体前倾，从而使自己的脸更接近对方，形成咄咄逼人的气势，可挺直背部、将身体往后靠，不仅可拉大你和别人的距离，还可使肺部吸入更多氧气，以帮助大脑工作。

在疲劳的状态下，女人最易感到孤独，如果你常常一个人运动，很容易产生轻度抑郁，因此建议你在运动时去健身房或与朋友结伴运动。

大脑劳累过度，氧气供给不足，会令女人出现头涨、思维下降。张开嘴打哈欠，就等于进行了深呼吸，这有助于促进脑细胞重新活跃起来，打哈欠后再施以头部按摩，效果会更佳。当你感到疲劳时，将毛巾用冷水浸后（冬季用热水）拧干，放于小脑上（枕骨左右两侧），两侧可同时冷敷或左右交替敷，毛巾重复浸水次数，每次进行3分钟左右。此举能醒脑，提高反应和思维能力，对高血压引起的头晕也有一定的防治效果。

慢性疲劳容易出现腰背酸痛，长时间坐着办公，很容易出现以上症状，那么加强对背肌的锻炼就有助于缓解以上症状，其方法有多种，现介绍一种较理想的方法——两人互背法，即二人靠背，两臂相挽，一人将对方背起，慢慢

弯腰，然后对方也按此法背起前者，反复多次，这样可使周身血液循环加快，消除因久坐造成的腰部疾劳或疼痛感。

感觉疲惫了，可以站立一会儿，先深深吸一口气，然后挺起胸膛，接着呼气并向前屈身弯腰，做10～20次，每天做2～3次。不仅能松弛颈背肌肉，还可增强肺活量。若眼睛很疲劳，可以双目轻闭，用中指按住上眼睑向上轻提，连做3次，再用中指将下眼窝向下按3次。做完后，用左右手的中指，从左右外眼角向太阳穴按去，经太阳穴再向耳边按去，反复3～4次。最后闭上双眼，用中指轻按10秒钟即可。

此外还可以身体直立，向上举起双臂（也可以两臂自然下垂），然后双肩放松，使全身瘫软般地左右摇摆，可以站着做，也可以坐着做，每次3～5分钟，做时双目轻闭，口自然微张，自我感觉舒适为好，可解除周身疲劳和减轻腰背疼痛。

好好关心一下自己，减少点自己的压力，慢慢地享受生活，让自己活得更开心一些吧。建议你睡前多想高兴事，或者洗澡时大声唱歌，这样能促进身体释放足量内啡肽，从而产生快乐与幸福感，并能有效减轻压力，让正面情绪带你迅速进入浅睡眠。睡得好，隔天才有好心情，过好每一天，人生自然很美好！

唯有知足才能换来快乐

想必每个女人都有欲望：或是权欲，或是名利欲，或是占有欲，或是贪欲……所有的这些欲望都是女人在世无法避免的，或多或少会影响你的情绪，若是不加克制地任由欲望膨胀，其结果可想而知。

千万不要纵容自己，尝试着克制一点儿，对自己严格一点儿，摒弃过多的欲望，你的生活质量会变得更高，你会更“世俗”地品味人生。那些真正开心而明智的女人往往是能主宰自己的性情、统治自己的心灵、控制自己欲望的人。她们能用快乐的解毒药来消灭忧虑，解除烦闷；能像水温调节器一样调整自己的欲望，当欲望太多时，就将冷水管的龙头打开。在这方面，梅兰值得一提。

“做领导先做人，万事民为先”是梅兰价值观的集中体现，梅兰自己也在日记中写道：“公司的同事比天大”，自己要“永做同事们的公仆”，掌好权、用好权，不被欲望牵着鼻子走。为此，她要求自己“多为同事们谋取利益、办实事”，“正确使用权力，正确对待自己，正确对待一切事务”。

正确的欲望观使梅兰能在工作中摆正自己与同事、个人与组织的位置，从而赢得同事的敬重和爱戴，大家都叫她“知心姐姐”。当下，有个别领导自认为高人一等，与部下隔着一段距离。梅兰对此十分反感，她曾对一名身边的同事说，在生活上我们不分职务高低，是朋友。她主张，在工作中，上级和下级只是分工不同，都是给公司干事，大家“要保持独立人格，不要搞成人身依附关系”。

正因为有如此清醒的地位观、权力欲，梅兰在身居高位后还交了许多同事朋友，甚至残疾人朋友。公司附近有一家小小的湘菜馆，老板是一名身有残疾的农民，梅兰每次要加班，都要到那里吃饭，每次还要给老板送一点特意带去的礼物。

对此，同事们都非常纳闷，梅兰与这位老板非亲非故，饭菜味道也就一般，又在县城边上，饭菜味道也没有什么特殊之处，为什么梅兰不仅常去吃，还经常送这老板礼物呢？原来，梅兰用这种办法既可了解公司周围的状况，又可以照顾这位残疾老板一家的生计。就这样，一来二往，他们成了朋友。

还有一次，梅兰到老家出差，发现一位老人在远处招手，村干部向她解释，这是村里的长者，90多岁了，没见过领导，想看得清楚一些。于是，梅兰笑着走过去和老人合了影。

此外，梅兰认为做公司领导，就必须以义利观为基础，坚持廉洁奉公，摒弃过多的欲望。她也曾在日记中写道：要严防等价交换原则侵入公司生活。而梅兰也真正做到了这点，经受住了各种诱惑和考验。

梅兰常常提醒自己，摒弃过多的欲望是领导保持上进、真正和同事站在一起的内在要求。为了做到这一点，她努力把握住两个环节：一是严格要求自己，“对待身外之物要铁石心肠”，要凛然正气，使人望而生畏。二是严格要求家人和身边的同事，不帮人向梅兰带任何信，不传口信，不接受任何礼品。

正是由于对人对己都要求严格，梅兰才能成为廉洁奉公的榜样！所谓知易行难，梅兰能够始终践行着摒弃过多欲望的观念，勤勤恳恳，从自己做起，从身边做起，从点滴做起，实属难得！而她也经常警示自己：“观念的动摇，必然导致思想道德防线的全面崩溃。”她告诫自己：“大浪淘沙，警钟长鸣。”她提醒自己：“我才30多岁，生命还长着呢，我要慎独、慎微、慎始、慎终。”她引用先贤的名言激励自己：“路漫漫其修远兮，吾将上下而求索。”这些，都值得女人追随和学习。

30多岁的女人若想在人生之路上拥有高品位的生活质量，就必须戒奢克俭，节制欲望，只有有所弃，才能有所得。七情六欲，人之常情，但有的女人常常会产生超出自身条件许可范围的欲望。若不能坚决地克制自己的欲望，并且不想办法使自己摆脱欲望的控制，那么女人的灵魂就会被欲望的魔鬼所控制，而失去自我。

女人不能把生活的质量放在实现各种各样的欲望上，一山还有一山高，欲望是无法满足的，关键在于你能知足常乐，按照自己的准则去做人做事，以求得心灵的安宁和人生的幸福！若你总是不满足于现状，你就会有更多的欲望出来，为此，你又去忙于满足更多的欲望，这样怎么能放松下来，怎么能快乐起来呢?

高情商的女人懂得保持乐观

随着社会的发展，竞争越来越激烈，节奏越来越快，常使女人处于高度紧张状态，烦恼的问题尤显突出和严重。心中烦闷会使人不愉快，若长期积累则容易引起女性身体或心理疾病。这时候，我们应该学会忘记烦恼，保持乐观，才会看见眼前一片豁然开朗的美景。

身为女人，在人生中总会经历许多快乐与烦恼，保持乐观，才会寻觅到“柳暗花明又一村”的秀丽；保持乐观，才会感受到雨过天晴、春暖花开的清新；保持乐观，才会拥有积极的心态，勇敢地面对人生！记住，永葆微笑是女人的生活技术，而学会乐观积极是女人的生活艺术。

女人在生活中，尤其在逆境中，学会忘记烦恼，保持乐观或许十分难做到，但这却是保持快乐人生、良好心态的一个重要方法。诚然，每人都有烦恼，每家都有苦衷，恰如俗语所说“家家有本难念的经”。

在面对逆境时，我们应向金鱼学习，据说，金鱼的记忆只能维持7秒钟，7秒钟之前发生的事情，它是记不住的。所以，金鱼总会有一种新鲜感，能随遇而安，能在小小的鱼缸中快乐地游来游去，惬意地享受自己的生活。学会乐观积极，忘记烦恼，会使你随时随地都能快乐地生活。

林林是家星级宾馆的业务主管，她从一个普通的领班到现在的业务主管，一步一步走得很不容易，因此，她很珍惜这份工作，也一直很敬业，但现在她却离职了，因为她没办法同时让上司和丈夫都满意，没办法将家事和工作处理得一样漂亮，因此身陷烦恼之中。

林林的老公是出租车司机，非常疼爱她。从婚前到婚后，他几乎都风雨无阻地接送林林上下班，也让她一直很感动。但后来，随着林林职位的升迁，上下班时间就变得不准时了，还经常有应酬，回家很晚，家务也没法做了，甚至孩子也管得少了。后来，忍无可忍的老公跑到办公室当着老板的面指着林林鼻子说：“现在是下班时间，你知不知道？我和孩子都没吃饭，你知不知道？像你这样的老婆要你做什么？”

面对这样的责骂，林林觉得很没面子就主动辞职了。林林能感觉到老公在极力补救，对她特别好。但她总觉得老公太伤害她了，对将来，她也很迷茫，不知道怎么才能协调好。

学会乐观积极，忘记烦恼，重温快乐，学会感恩，林林就能恢复好的生

活。夫妻或恋人相处久了，矛盾自然会产生，而当矛盾产生时，都难免各自相互指责，甚至变得难以包容。这时，如果能够做到学会乐观积极，多回味一些对方的优点、对自己的关心和爱护之处，事情就会有很大的改观。

我们要不断重温那些能使我们灵魂感到愉悦、受到洗涤，能不断丰富我们精神世界的事情，要学会乐观积极地面对一切，以增强我们对抗逆境的勇气，感受平凡中的可贵。在逆境中，女人要学会忘记烦恼，如此，才能减轻自己思想的行李，放下精神的包袱，告别心灵的抑郁，走出情绪的低谷，轻装上阵，重拾阳光般的心情，轻松洒脱地游弋人生！

每个人的生命都只有一次，在这有限的生命中，我们要乐观积极面对一切，为记忆释放空间，以留住那些令人快乐、激动的事，品味生命中意想不到的收获，铭记人生中每一丝的感动、悸动，珍惜生活赐予的每一个馈赠。

第 13 章　人格魅力，有智慧的女人从不缺少朋友

性格好的女人更受人喜欢

好性格的女人心胸开阔，坦然而又磊落，能够宽容别人的过错，却不会将一些不快耿介于心，对不恭之词能一笑置之，可以忍他人之不能忍；好性格的女人爱心浓厚，极具亲和力，真心而不计回报地关心亲友和爱人，因而更受到朋友和爱人的喜爱。

好性格的女人如一杯醇厚的佳酿、一杯美味的咖啡，能让人百看不厌、赞不绝口，纷纷想与之亲近，切身感受自然而独特的魅力。好性格女人的魅力不在于外在的容貌与身材，更不在于家境的优厚与浮华，而在于个人的性格和品位、气质和风度、修养和节操。

好性格的女人对人对事善于妥协，不固执己见，但也善于在妥协中巧妙地坚持，在妥协中自有一种主见。曾馨莹能嫁给台湾首富郭台铭，靠的正是她好性格获得的人缘和魅力。

曾馨莹出生于台湾南投县一个普通家庭，小时候的曾馨莹眉开眼阔，鼻梁扁平，怎么看都不漂亮，但她性格爽朗大方，活泼爱笑，喜欢跳舞，一直十分有人缘。在台湾，无论商家还是普通百姓，每年年尾都有个联欢活动叫“尾

牙”，意即犒赏过去一年的辛劳。2007年，台湾鸿海集团也举办了一个大型的尾牙联欢会，董事长郭台铭特意重金邀请了台湾名模林志玲做当天的嘉宾主持。作为林志玲好友兼指导老师的曾馨莹也在受邀之列。

自郭台铭的发妻林淑如因病去世后，这个钻石王老五就成了众多美女暗暗心仪的对象。联欢会上，林志玲准备在台上和郭台铭表演一场精彩的探戈舞。这时，郭台铭为难了，因为他从来没有跳过探戈。谁知，林志玲马上把曾馨莹叫了过来，让她现场教郭董跳舞。平时看起来威严铁面的郭台铭，在娇小柔弱的舞蹈老师面前，只得像个小学生一样乖乖地挪动着步子。一不小心，他的皮鞋尖就踩上了曾馨莹的脚，“哎呀，对不起对不起……”郭台铭连忙道歉。“没关系，郭董，只要您能学会舞步，就是把我的脚踩肿了也值得。”曾馨莹俏皮地说，逗得郭台铭哈哈大笑。

后来的一天，曾馨莹忽然接到了郭台铭亲自打来的电话，说是邀请她做自己的私人舞蹈老师。第一次来到郭台铭的豪宅，曾馨莹难免显得拘谨。身着家居服的郭台铭平易近人地笑着，先请她坐下喝茶，并随意地问起她的家庭情况。曾馨莹毫不隐瞒地告诉了他自己的家庭情况，并说：“看到父母一年年苍老，心里很不是滋味，我尽可能地使他们过得快乐。我认为，人生中金钱不是最重要的，金钱买不来幸福，只要医院和监狱里没有我们的亲人，这就是全家最大的幸福。”郭台铭没想到，眼前这个其貌不扬的女孩居然有着如此练达的人生观和动人的性格。最重要的是，他发现这个女孩身上没有世俗的金钱味道。当今时代，这种性格实在太难得了。身为台湾首富又单身的郭台铭身边从来不乏年轻美女，尤其是那些外表光鲜的女艺人，但她们大多只关心金钱、物质、男人以及男人的财富……而曾馨莹却与众不同。在接下来的几次授舞过程中，郭台铭越来越发现，曾馨莹就像一朵超然物外的朴素莲花，她的身上从来没有炫目的珠宝，没有品牌服饰，没有扭捏作态，这和那些骄傲自大的女艺人简直有天壤之别。而且，他在她面前感到无比放松，不需要伪装，自己特别愿意和她在一起，更难得的是，曾馨莹的好性格还打动了郭台铭的妈妈。在妈妈的极力支持下，郭台铭向曾馨莹表白了并表达了希望牵手一生的愿望……

由此可见，女人外表美并非人缘和婚姻的通行证，内在的性格美才是获得爱情和友情的法宝。谦虚、乐于听取不同的意见、择善而从，不心高气傲、盛气凌人、乱发脾气、怨天尤人是好性格女人的特征，她们遇事镇定，不会惊慌失措，而是冷静地寻找办法来解决，在各种场合中懂得如何应酬对答，总能视自己为能者的学生、贤者的伴侣、朋友的知己。

在丈夫眼里，好性格的女人就像是一道风情无限的美景，令人神思飞扬，心旷神怡；在朋友眼里，好性格的女人就像是一杯醇厚悠长的美酒，令人面潮耳热，微醺微醉；在亲人眼里，好性格的女人就像一首悠扬动人的乐趣，令人怦然心动，热血沸腾！

谦逊女人，他人更愿与之交朋友

达·芬奇曾说过："微少的知识使人自豪，丰盛的知识使人谦逊，所以空心的禾秆清高地举头向天，而充实的禾穗却低头向着大地，向着它们的母亲。"谦逊是女人一切美德之首，是女人与人交往的根本。谦逊是女人广交朋友的人格魅力，是女人严谨、恳切，众人夸耀之下不自豪的理性而睿智的处世智慧。

大自然的万物给了女人很好的启示：人际交往要谦逊低调、不刻意显示自己，这样才更能亲近别人，博得更广泛的人缘。

性格谦逊的女人内心深处储藏着勃勃生机和无穷活力，她们处于低谷时不颓废，遇到困难时不退缩，一帆风顺时不得意，功成名就时不忘形。

中央电视台著名主持人敬一丹是新闻评论部中众多名嘴公认的"大姐"。坐在演播室里主持《焦点访谈》的敬一丹，留给观众的印象是从容、冷静、大气和谦逊。敬一丹曾认为主持人所应具备的最重要素质就是谦逊而有亲和力，这样才有人缘。每天几十封观众直接写给敬一丹的信，足显敬一丹的人缘非凡。其实敬一丹的这种"人缘"也表现在与同事们的工作之中，在这个集

体里，她因谦虚而被大伙儿尊敬地称为“敬大姐”。

《焦点访谈》栏目刚刚创办时，敬一丹主持的《一丹话题》正是红火的时候，但是谦逊的她为了再次挑战自己，毅然放弃了这个已经很成熟的栏目投身到《焦点访谈》中来，当一名编播合一的记者。在《焦点访谈》这样一个充满冲击力的节目中，敬一丹的“谦逊有礼”显得有些格格不入。但正是在这种看似不搭的结合中，敬一丹形成了自己独特的风格。她的那种谦逊，使节目显得更具真实性；她的那种冷静，使节目显得平实厚重；她的那种端庄，使节目增加了权威感；她的那种从容，也使节目增添了不少亲和力。

要广结人缘，女人不可因成功而过分骄傲，也不可因挫折而轻易自卑，而要时时、事事、处处保持谦逊的性格，只有重视别人，你自己才能受到重视。敬一丹谦逊的性格能把一些锋芒毕露的话语处理得很合理，把握到语调的顿挫，就像和朋友交流一样，能在比较平和的状态下主持节目，表达百姓们日日关心的话题，所以相当受欢迎。

在生活中，骄傲的女人是没有多少生存空间的，越有人缘的女人就越懂得谦逊之道，周琴正是因谦逊有加的性格深受老人朋友的喜爱，把她当自己亲生女儿一样疼爱。

虽说周琴从事老干部工作已经数年，但因长得雅致乖巧，有一张可爱的娃娃脸，且活泼开朗，待人亲切、随和，在老干部眼里，咋看都是个“娃儿”。刚到老干部局时，虽说早已做好心理准备，老干局与县委办不可比，但她怎么也没想到会是如此简陋的办公室：几张破旧的桌椅和一部电话，满地的灰尘她想拖地却没有拖把……没有做不了的事，只有想不到的事，周琴下决心竭尽全力改变老干部工作现状并为自己立下“军令状”：力争建一流队伍，创一流服务，树一流形象，坚决不落伍不掉队，努力走在全县前茅；千方百计保证老干部各项费用不拖不欠，每年至少为老干部实实在在做2～3件好事；全体干部职工通过一年的学习培训和思想教育，务必转变观念，重塑老干部工作队伍新形象；两年内更换老干部工作用车，办公室工作人员熟练掌握微机操作，实现办公自动化；三年内建成老干部活动中心，保证老干部老有所学老有所乐有阵地，全体干部职工服务意识、服务能力和服务水平全面提升，县委满意、老干部满意、自己满意、社会认可。

有了目标便有了前进的动力，周琴开始为她的目标奔波忙碌了。周琴的人缘好是众所周知的，她担任过团县委书记，群众基础好。较好的人际关系加之机关办公室工作经验，她的沟通协调能力让人羡慕，办事之认真细致让人咋舌。那段时间，她几乎没待过一天办公室，这个单位出，那个单位进。周琴深知老干部工作仅靠老干局那是永远都做不好的，老干局一定得起好穿针引线的作用。所以周琴就经常往返于人事、财政、社保、卫生、文体等部门，随时沟通协调老干部工作中遇到的新情况新问题。老干部的事其实大家都挺重视和关心的，只要沟通协调好了，一切都办得顺利。

性格谦逊的周琴将“谦虚学习，真诚待人，踏实做事”视为自己的为人准则。她常说：三人行，必有我师焉！择其善者而从之，其不善者而改之。老干局的干部职工年龄老化，她知道急不来，她在工作中让大家用心去发现每个干部职工的优点，谦逊地向他们学习，并号召大家互相学习。久而久之，大家在愉快和谐的氛围中不知不觉地进步了、提高了。多年来，她没给大家上过什么“政治课”，而是用谦逊的态度感染着身边的每一个人，用真情、用自己的人格魅力赢得了干部职工、广大老年同志和家属们的爱戴。

在老干所，周琴的真情让大家感动，周琴的亲切让大家相处和谐，周琴的性格让大家钦佩。诚如美国前总统福兰克林说的：“对上司谦逊，是一种义务；对同事谦逊，是一种礼遇；对部下谦逊，是一种尊贵。”

女人若想守住你的人缘就应保持谦逊的性格，真诚地笼络朋友的心，让她们自愿陪在你身边，把欢声笑语带给你。

随和女人，会得到朋友的维护

在生活中，人与人之间的摩擦与纠纷是难以避免的。随和是女人高尚的

思想情操，是女人对待社会的合理态度，是女人处理关系的有效手段，是女人个人修养的至高境界，是女人广结人缘的良好性格。

性格随和的女人在面对这些不愉快时，即使面对的是涉及自身原则的问题，也不会闹意气、存成见、居高临下、杀气腾腾地采取压制他人的态度，而是会平等地和他人交换意见，保持淡泊名利的超然，使自己拥有一个宽阔流畅的生存空间和令人艳羡的人缘脉络。随和的性格是女人与人交往最有利的工具，是连接彼此友情的桥梁，是朋友遍天下的催化剂。

这就是性格随和的女人散发的魅力，或许她根本不用说什么，也根本不用做什么，仅仅是好性格便为她们聚拢了人缘。随和的性格是女人幸福的源泉，是女人粉碎怨仇的激光，是女人化解矛盾的抗生剂，是女人提高生活质量的能源，是女人身心健康的滋补品，是女人事业成功的营养素，是女人同各层次的人打交道的奥秘。

女人生活在社会中，要维持好人缘，需要处理好各种关系：上下级关系、同事关系、朋友关系，甚至与父母和兄弟姐妹的关系，还有夫妻关系、子女关系。性格随和的女人往往能不计利益长短、不论层次高低，在错综复杂的关系网中求得平衡、与人为善，真正做到“海纳百川、有容乃大”，成为人人愿意结交的红颜知己！

留有余地，说话要给自己留退路

俗话说：“说话做事留一线，今后好见面。”女人说话要善留余地，要学会总揽全局，从大处着眼，小处着手，在细节上要做到精益求精，尽善尽美，拥有“忍一时风平浪静，让三分海阔天空”的风度和气量，不要把话说绝，免得把对方也把自己逼到墙角里去。

不要把事情做绝，不要把话说得不留余地，正所谓凡事留三分，一路有人跟。行走在独木桥上，你倘若不给别人留一定的余地，那被挤下水的有可能

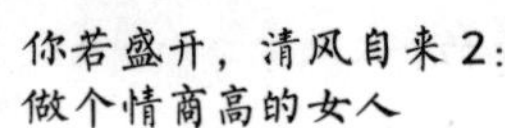

就是你。女人说话亦是如此，要留一定的空间给别人，没有空间，你自己便失去了回旋的余地，没有回旋的余地你的思维就会被缚住从而一事无成，说话留余地是为了自己能更好地发挥。

退一步说话，首先要给自己留有余地，比如没把握的事情要答应人家，可以说“我试试看吧”或“我尽量帮你”，不要说“包在我身上”“一定能办妥”。这样你如果尽力了但是没办好，你自己也有退路。其次，要学会给别人留有余地。比如有人要约你，你不想去，可以说“哎呀，真对不起，我有事”或“等以后有机会吧”，不要说“我不想去”或“不行”。可能你不一定有事，但是你留有余地的拒绝，撒个善意的谎言，可以让对方免于难堪，给对方一个台阶下。否则，得罪了人，也害了自己。

有一次，李敏向嘉嘉借钱，但嘉嘉知道李敏借钱不是为了办正事，就不想借给她。嘉嘉说：“真对不住，我最近手头也紧。要不这样吧，我去和我丈夫商量一下，看他能不能借点钱给我。”李敏当然不好意思这样，就赶紧说：“不用了，不用了，那怎么好意思呢，我到别处想办法吧。”嘉嘉的话就留有余地，让李敏能自己下台，不至于尴尬，而自己的意图也得以实现了。

女人说话留有余地是一种善意的说话方式，不等同于圆滑世故、虚伪狡猾之类。由此看来，在现实生活中，女人应该学会说话留余地，不把话说满、把人逼上绝路，因为凡事总有意外，留有余地，就是为了容纳这些意外，以免自己以后下不了台。

因为把话说得不留余地而给自己造成窘境的例子，在现实中比比皆是。这样做的结果，就如把水杯里装满了水，再也不能滴进一滴水，否则就会溢出来一样；亦如把气球充满了气，再充下去就会爆炸一样。

倩是列车上的产品推销员，她这次推销的是一种新产品——螺旋状的袜子。为了表明这种袜子的透气性，倩随手拿起一只袜子，对乘客们说：“来帮帮忙，拿住袜子一端，使劲儿拉。”说着，她就和一位乘客对拉起来，袜子的韧性的确很好。

接着，倩又随手拿起一根长长的针，在拉得绷直的袜子上来回划动，袜

子也没有损伤，说："看一看，这种袜子不易抽丝。"紧接着她又拿起打火机，在袜子下面晃动，而袜子也未受到损伤。

在倩一番介绍之后，袜子在乘客手中传看。一位乘客有意地拿起针，只是一划就在袜子上划了一个洞，原来是顺着纹理划不易划破，并不是划不破。另一位顾客要用打火机烧，急得倩赶忙补充说："袜子并不是烧不着，我只是证明它的透气性好。"最后大家终于明白是怎么回事，但却没有乘客再买袜子了。

与其给别人一个挑刺的借口，不如把话说得委婉一点。同时，如果你不把话说得绝对，还可以为自己赢得在更为广阔的空间与对方交流。倩的遭遇告诉所有女人，在谈话时，哪怕是你绝对有把握的事，也不要把话说得过于绝对，不留余地，否则容易让他人挑刺。

说话多给他人留余地，其实并不仅仅是为对方考虑、对对方有益，也是为自己考虑、对自己有益，是双赢的高招。有时候你即使与人交恶，也不要口出恶言，更不要说出"情断义绝""势不两立"之类过激的话，不管谁对谁错，说话都最好留有余地，以便他日狭路相逢还有个说话的"面子"。

世间事恰如白云苍狗，变化良多，没有定数，未来更是不可预测，所以一下子把话说绝了，路堵死了，不留余地，这样对自己是百害而无一利的。有道是："十年河东，十年河西。"在突飞猛进的当今时代，人际关系的发展根本不用"十年"便实现了此消彼长的变化，人们相互间更是"低头不见抬头见"。女人如果把话说得太满，将来一旦发生了不利于自己的变化，就难有回旋的余地，让自己无路可退了。

善于沉默，增添无言的力量

如果话语是一朵热情绽放的娇艳花朵，那沉默就是为它无声奉献的种子；如果语言是顶风而立的挺拔大树，那沉默就是它赖以生存的根须；如果语言是远游四方的坚实巨轮，那沉默就是为它指引方向的舵手；如果话语是风驰

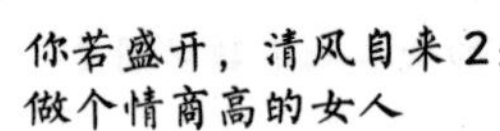

电掣的尖锐利箭，那沉默就是它充满力量的弓弦；说话与沉默是相辅相成、情同手足的好兄弟。

女人，时而要说话，则需要字斟句酌；时而要沉默，则需要思考等待。女人要学会说话、善于说话，也要学会沉默、善于沉默。女人说话，尤其是在交往中，要多听取别人的意见和建议，说话斟酌考虑，不要随便发表议论。

听不进别人意见的女人与祸从口出的女人都不会成为笑到最后的胜利者。只有多听慎言，做到凡事心中有数，该说则说，不该说不说，女人才能更成熟地做人做事，彰显自己的深度。

古时，曾经有个小国派使臣到我国来进贡了三个一模一样的金人并问皇帝哪个最有价值？皇帝思考了很久，试了各种办法，还请来能工巧匠仔细检查，称重量，看做工，都没有发现有任何区别。

皇帝十分苦恼，使臣还在宫中等着答案，应该怎么办呢。最后，一位老大臣想到了方法，解决了这个问题：用三根稻草分别从金人的耳中插入：第一个金人的稻草从它的另一边耳朵出来了；第二个金人的稻草是从它的嘴巴里直接掉出来；而第三个金人，稻草进去后掉进了肚中，没有任何响动。老大臣当即说道：第三个金人最有价值！使臣连连点头称是。

“沉默的性质揭示了一个人的灵魂的性质”是梅特林克的名言。善于沉默的女人消隐在喧闹的大千世界里，世界因而述说了一个好女人难能可贵的内涵。

善于沉默是一个女人思维厚重的积蓄，是离开羞耻、烦躁和厌恶的最佳选择和方式。著名诗人北岛这样表达沉默：“也许最后的时刻到了，我没有留下遗嘱，只留下笔，给我的母亲。”在纷繁复杂的世界里，在嘈杂喧闹的环境中，能保持一份冷静、一份耐心、一份洞察力、一份宠辱不惊、一份淡泊宁静的女人，注定会收获意想不到的惊喜。

鲁迅永载史册的不朽名言如此描述沉默：“不在沉默中爆发，就在沉默中死亡。”女人言语之间的沉默是望尽天涯路、独上高楼的无言思量，是女人永不腐朽的存在方式，是平常心的最佳体验。

一家享誉世界的知名企业招聘一名处理琐碎敏感事物的高级职员。在面试的时候，前来的大多数应聘者都在高谈阔论，口若悬河，以求获得公司高层及其他员工的钦佩，唯有一名女人一直在喧哗的环境里沉默着。这个女人看上去30多岁，仪态成熟，举止典雅宁静。

结果当从广播里传出一个微弱的声音：我们想招聘一名有着安静天性以及敏锐观察力的人，听到这个指示的人可以进来拿聘书。这个微乎其微的声音只有她听见了，也只有她拿到了聘书，取得了这个令人羡慕的职位。

正如“大智若愚，大巧若拙”所言，真正有内涵的女人往往是那些嘈杂环境中的沉默者，她们往往会成为最终的胜利者。这位优雅的女人正是运用沉默才成为胜利者，其实在我们的生活中这样的故事随处可见，并不是神话传说。

女人要修炼好自己的口才，与人交往，善于说话的人总是能占据先机。许多女人都觉得自己非常厉害，总看到自己的力量，而忽视了他人的优势。

总觉得自己强大无比的女人，便会有强烈的表演欲，不断地想说话、想炫耀、想展示。殊不知，这恰恰是最惹人讨厌的，人们往往会觉得这类的女人毫无内涵可言，真正聪明的女人自然会体会出这其中的浅薄。信口开河不是好的榜样，斟酌后的沉默有时更具备无言的力量。

女人言辞的沉默绝不是麻木不仁的慵懒，不是拒绝感动与真情的矜持，不是害怕碰撞和承担的躲避，不是讨乖卖巧与敷衍的忽略，而是狂放之后的收敛，是豁达之后的冷静，是散淡之时的从容，是浮华之时的内涵。真正有内涵的女人，会懂得沉默的意义与价值，会懂得字斟句酌的珍贵！

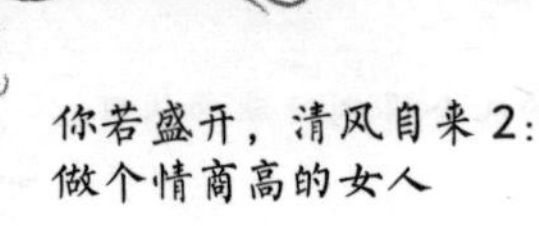

第14章　表里如一，诚信的人会得到他人的认可

洞悉“眼神”，眼睛也会撒谎

有的女人，总想表现出自己与众不同的一面，虽然很多事情自己都不懂，但就是不想问别人，以为通过眼睛观察就能明白，殊不知，眼睛也是会撒谎的。确实，一个会意的眼神，一次开诚布公的交谈，能使你与上司的关系获得出乎意料的进展，反之，则可能使上下级关系陷入麻烦。

女人如果能懂朋友的眼神，也就了解了他们的一半。基于心理学角度分析，对方在说话时，从上到下打量你，表明他占据优势地位，拥有支配的欲望；对方友好、坦率地看着你，甚至还眨眨眼睛，表明他对你评价比较高或是想鼓励你；对方用锐利的眼光盯着你，意味着他不相信你；对方闭上眼睛或者看别处不看着你，有两种可能：他不想评价你，或是他感到疲惫或心烦。

作为女人，希望你能在新环境中加强多角度、多场合的沟通，试着洞察朋友的情绪反应，尽快“读懂”朋友的心事，让其认可你。

掌握说服方法，提升说话能力

对于不同的人，你要灵活运用不同的说服方式和方法，并运用一定的技巧，这样才能达到预期的效果和目的，从而不断提升你说话的能力，让人感觉到你的好性格和高情商。

方法一：见什么人说什么话

只要你的方法正确，能针对不同的人说不同的话，那么所有的人都是可以被说服的。

方法二：理解说服的原则

为了说服对方，你可以采取的方法有很多。但为了尽快地说服对方，你还需理解说服的原则，这样才能事半功倍，尽快说服对方，百发百中！

说服这件事情，仔细研究起来，是非常复杂的。有时，可能因为你用错一个字，就会无端地惹起对方的反感。在人际交往中，各个阶层、各种宗教、各种信仰的人，都各有一套说话的习惯、一套习惯的用语。

仔细观察那些谈判高手，就会发现他们对这方面的知识都是相当看重的。非常善于用对方惯用的语言说服对方，并与对方建立起更深的关系，日后还能继续合作。

俗话说："不要一条路走到底。"在说服别人时，你也可以用到这一忠告。说服方法要因人而异，如果此方法不行，达不到预期的效果，就要善于更改方法。

语言是很奇妙的，同样的内容可以有千百种表达的方式和方法。当你在说服的过程中，发现对方表现出茫然不解，或不以为然时，你就要立刻顺风转舵，改变初衷，换一个更好的方式。同时，你要随时反省自己说话的方式是否合适。

总之，所有的说服都要因人而异，如对年轻人，应采用煽动性的语言；对中年人，应讲明利害，供他们斟酌；对老年人，应以商量的口吻，尽量表示尊重的态度；对职业人士应该运用与对方所掌握的专业知识关联较紧的语言与之交谈，对方对你的信任感就会大大增加。若对方性格直爽，便可以单刀直入；若对方性格迟缓，则要“慢工出细活”；若对方生性多疑，切忌处处表白，应该不动声色，使其疑惑自动消除。对文化程度低的人所采用的方法应简单明确，多使用一些具体的数字和例子；对于文化程度高的人，则可以采取抽象的说理方法。对兴趣爱好不同的人，则要从对方的爱好入手，以为下一步的劝说工作打下良好的基础。灵活应用这些方法，相信你的说服力一定会有令人信服的魔力！

在人际交往中，你常常希望把自己的观点、想法准确有效地传达给某些人，并且说服对方，使他们能接受你的意见或建议，然后付诸实施，这个过程就是说服。然而被说服的对象又因为本身经历、经验价值取向等的不同，大大增大了我们“说服”的难度。因此，我们在“怎样去说服别人”这样的问题中，要注意几点细节，这些小细节能帮助我们顺利地说服对方。

你要想说服对方，首先要做的就是取得对方的信任，信任是万事成功的保证，也是让同事觉得你性格好的基本。双方的信任是进行说服的基础，没有这个基础，任何说服都不会取得理想的效果。比方说，同样一个十分有利于公司发展的方案，如果领导信任你，他就容易接受；相反，如果领导不相信你，那么，他就难以接受。

每个人的利益都不受损害，才是说服的最高境界，也是你性格好的最佳展现。你在说服对方接受自己的提议时，一定要注意秉承你好、我好、大家好的原则，在说服对方任何的提议提案中必须为对象带来好处，而且在提议中不能包含对象所不喜欢的内容，这样对方才容易被你说服。

如果你能够依照卡耐基魔法公式的步骤去说服对方，那么对方很可能会被你说服，而且屡试不爽。卡耐基的魔术公式：第一步，说你的实例的细节，生动地说明你想传达的意念；第二步，以详细清晰的语言，说出你的重点，要听众做什么；第三步，说出听众这么做的好处。

在找到主要矛盾以后，就要通过一一举例否定他的拒绝理由，并且直接

有效地提出解决对方内心真正顾虑的方法，如果对方没有轻易被你说服，那就说明他有所顾虑，你要想说服他，就必须找到对方拒绝的真正原因，而不是相信对方所提供的理由。

你在说服中尽可能地运用数据、事例绝对是种行之有效的好方法，会更让人信服，因为事实往往是最好的教课书。在条件合适的情况下，用事实说话，提供有力的数据支持，甚至提供书面资料，会使说服变得非常轻松。

你在说服时，应当采用得体的肢体语言，尤其是开放形态的体态语言，尽量促使对象采取开放式的体态，往往会有好的效果，增加他人对你的好印象。体态语言的应用就是身肢对于作用对象的开放形态和封闭形态。所谓开放形态，就是做出动作或姿态把对象包纳进来，比如，双臂环张做拥抱状；所谓封闭形态，就是做出动作或姿态把对象排除在外，比如，很典型的动作就是双臂怀抱于胸前。

逻辑思维能力，自有妙趣横生的魅力

每个女人都希望自己在人际交往中能谈笑风生。谈笑自若的女人往往很容易开展自己的事业，成就自己的蓝图。女人如果说话有条理、有逻辑，说出的话自有妙趣横生的魅力，这能帮助你扩展工作圈和社交圈。

如果在社交场合中能将你的想法行云流水般顺畅而恰到好处地表达出来，那将提升你富有吸引力的人品。其实，想要成为一个口若悬河的谈话高手并不难，说话有条理，逻辑思维是其中的根本所在。

说话有条理就是要女人根据交谈的中心内容所涉及的话题程序安排好先后顺序，力求达至“众理虽繁，而无倒置之乖；群言虽多，而无棼丝之乱”。在交谈中说话毫无逻辑、前后矛盾，语无伦次，词不达意是无法继续进行的。

世间万物错综复杂，各种关系盘根错节、层出不穷。如果你想把话说得头头是道、有条有理，那么就必须考虑说话内容的先后顺序，明白先说什么，

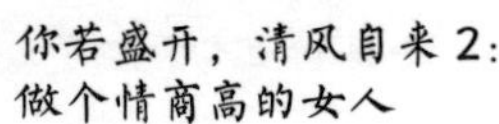

再说什么，最后说什么，并在大脑里谨慎思考一番才说出来，切不要脱口而出。一般说来，事情有发生、发展和结束的过程，而其中的各个不同阶段又有时间和空间的差异。说话时，或沿着事情发展的先后顺序从一而终，或按空间位置的转换交替逐个说明，如此说话才能滴水不漏、杂而不乱。

当然，在谈话中有时为了加强表达效果也可以变更说话条理及顺序，这时，女人应有清晰的逻辑思维能力，明白自己所要陈述的重点，并能合理地利用各事物之间不同顺序体现出不同的侧重点。首先，你在说话前，心中要有一个大纲，即这次说话要达到几个目的，然后在说话之中，顺序一一落实。对没有达到目的的，要继续沟通，直到达到为止，这是说话的原则，不可不坚持。逻辑性就是要说出为什么，给对方演绎一个逻辑推理的过程。如果你需要回答一个问题，也要先有一个大背景，即你说话的立场，这个立场是要绝对坚定的，谈话中绝对不动摇。其次，明白了提问话者提问的真正意图后，进行断判，是否提问者表达的意思与自己所站的立场有不同。不同，则要表明自己的立场，进行上逻辑推理，向对方说出道理；相同，注意一下你所站的立场的性质边界上的细则便可。

说话没有条理的女人常让人产生不信任的感觉，她常因为轻率的言语将人引入信口开河、离题万里的泥潭。没有组织的说话，毫无逻辑的交谈，反映出一个女人思维的混乱，这样的人，也不会有人愿意跟她打交道。

女人想要说话有条理、有逻辑，首先要具有敏锐的观察力，能深刻地认识事物，只有这样，说出的话才能一针见血，并准确无误地道出事物的本质；其次，思维能力一定要严密而有逻辑，懂得怎样分析、判断和推理，如此才能把话说得有理可循、有条不紊；最后，还要具备流畅的表达能力，知识渊博、谈资范围广，才能把话说得生动有趣。

女人把话说得有条有理，有着很大的妙用，而把话说得到位、有条理是大智慧。言谈是女人成事的敲门砖，语言有条理、有逻辑的女人容易让人信任，常会被委以重任。如此便为她们提供了展示自我的平台，令她们快速找到自己的立足点，明确自己发展的方向，从而在人生的汪洋大海中平稳航行，让

工作和家庭能稳定运行。

客观看待自己，还有很多能力有待提高

有些女人常常抱怨，觉得朋友对自己不够重视，很多方面没有达到自己的要求。同时，又觉得自己是天之骄子，各方面条件都不错，于是，在各方面要求都很高。

这种自以为自己了不起的心态是非常不可取的，会成为自己和朋友之间难以跨越的鸿沟。作为女人，在强调朋友能满足自己的要求时，首先要考虑你为朋友付出了多少，你的付出与你得到的是否成正比，认真审视过自己之后，才能提出合理的要求。

虽然能力被认为是在人际交往中大展拳脚的关键之一，但女人展现能力也要有“度”。有些女人往往急于展现自己的才能和实力，想尽快得到朋友的认可而表现得过于张狂。如此，只会适得其反，招朋友厌烦，甚至会成为他人眼中钉，影响人脉的发展。因此，明智的适应方法是大智若愚、保持低调，以赢得好感与信任，让朋友认可你大气的风度。

女人不要自视太高，一进交际圈就想飞黄腾达。所谓小事之中见精神，大事之中见能力，只有“大处着眼、小处着手”，一丝不苟地做好每件小事，才能为以后做大事积累资源。所以你要学会培养忍耐力，做事要有耐性，能从小事做起，并通过各种各样的小事中总结到适应未来发展的经验，提升自身能力。

女人要学会善于发现周围好的一面：公司的亮点、上司的杰出、朋友的闪光点。别着眼于一些负面的地方。所谓“人无完人”，每个人都不是完美的，但你要尝试以一颗宽容的心看待事物，接纳身边的人和事，学会以宽己之心宽人、克人之心克己，善于发现他们的优点，并从中学习，令自己尽快适应朋友圈。

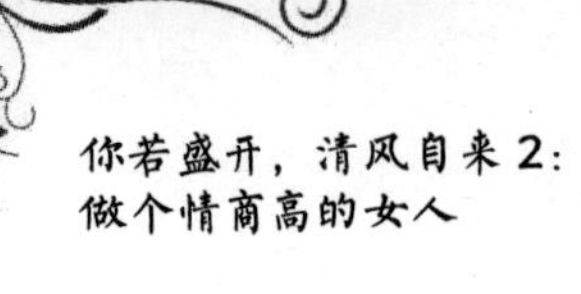

受欢迎女人的必备智慧锦囊

作为成熟的女人，最好独自去处理自己的情感生活，即使最亲密的朋友，也不要随便说自己的私生活，别让爱情、婚姻为你的人际关系添堵，破坏了你的事业和朋友友情。生活中常会有各种各样的流言蜚语，要知道这些言语是非常具有杀伤性和破坏性的，可以直接伤害人的心灵。千万不要让自己成为传播这些挑拨离间之言的其中一位，经常性地搬弄是非，会让其他朋友对你产生一种避之唯恐不及的感觉，而这样的你也一定不会受欢迎。

个人隐私自然带着些不可告人或者不愿让其他人知道的隐情，如果有朋友当你是好朋友，将自己的隐私告诉你，那说明朋友对你非常信任，所以，你一定要保守住他的秘密。要是他听到了自己的私密被曝光，不用猜，他肯定认为是你出卖了他，如此一来，他肯定会在心里不止千遍地骂你，并后悔曾经把你当朋友，还那么信任你。所以，他人隐私不可以随意说出来，这是让你受人欢迎的最基本原则和智慧。

有的女人总是怒气冲天、满腹牢骚，逢人就大倒苦水，但这样不停地发牢骚会让周围的朋友苦不堪言，让朋友们觉得既然你对目前生活如此不满，为何不寻找方法改变呢？渐渐地，朋友会认为你是个眼高手低而又麻烦的人，从而疏远你。在生活中，与朋友产生一些小矛盾非常正常，但是在处理这些矛盾的时候，要注意方法，不要表现出盛气凌人的样子，非要和朋友做个了断、分个胜负。

就算你有理，如果你得理不饶人的话，朋友也会觉得你是个不给他人余地、不给人面子的人，而对你敬而远之，这样你可能会失去一大批朋友的支持而变得不受欢迎，更别说你得罪的那个朋友还有可能成为你的敌人，为你的事业发展埋下隐患。在得意时不能太张扬外，在失意时，也不能在办公室向其他人诉说上司的种种不对，或是谁谁谁也犯了同样的错误却没被惩罚之类的话。因为这样的话，不但上司会讨厌你，朋友们更加会讨厌你，你以后在公司肯定

不会受欢迎。所以，无论在得意还是失意的时候，都不要过分张扬，否则只能给工作、友谊带来障碍，让人觉得你心胸不宽。

在万不得已的情况下，也切忌随意向朋友伸手借钱，如果借了钱，也一定要记得及时归还。否则，朋友会对你产生反感，如果因为钱而损失了友情，让自己变得不受欢迎是非常不明智的。

要是真想讨得上司欢心，应尽量要多人相约一起去讨好上司，而不要在私下做些小动作，让同事怀疑你的忠诚度，甚至怀疑你人格有问题，以后同事再和你相处时，就会下意识地提防你，一旦发现你出卖了同事，那么就连其他想和你交朋友的人都不敢靠近你了，这样，你怎么可能受欢迎呢?

结交“趣味相投”的好朋友，即有共同爱好、兴趣人才能成为朋友。盈婚后一直在做全职太太，在孩子大些才重新开始工作，刚进入公司的她看同事们往往聚在一起谈天说地，总感觉自己插不上嘴而和同事们相处得有些尴尬。后来，发现同事喜欢的话题多是关于体育和财经方面的，于是，盈开始每天都“有意识”地关注体育方面的消息和新闻，遇到合适机会甚至还和同事一起去看球。盈发现有了共同话题后，和同事相处容易多了，每次和他们闲聊的过程中，也能将自己在工作中的一些感受和他们进行交流，彼此的工作友谊增进了很多。

生活闲暇，闲聊八卦非常正常，如果有的朋友参与聊天是为了在他人面前炫耀自己的知识面广，如果你想满足自己的好奇心，对他的问题来个打破砂锅问到底的话，他马上就会露馅了，自然也不能将闲聊进行下去。如此，不但会扫了大家的兴趣，也会让这位朋友难堪，更有甚者，以后再闲聊的时候，朋友们还会有意无意地避开你。因此，在任何场合下闲聊时，提问要适可而止，这样自己才受欢迎，让朋友觉得你非常聪明。

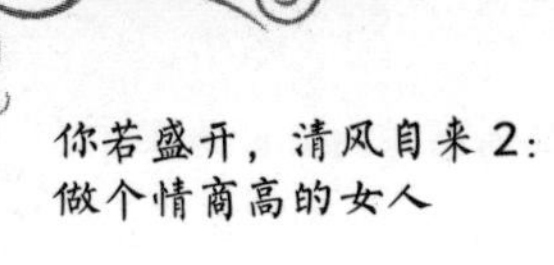

第 15 章　理智生活，理智的女人内心更加坚韧

掌握理智处理意外变故的能力

我们的人生本就由意外构成，没有人是预言家，能预测出自己的未来。明天会发生什么，下一步如何走，我们根本就无从得知。既然人生中难免遭遇意外，那我们便不妨提前做好准备，以在意外突然来临时勇敢地去面对。意外变故是难以预测的，但如何面对、采取怎样的态度却能由我们自己做主。

在女人的一生中，意外总是不可避免的，即使你再小心谨慎，也常常躲避不了。但我们可以在明天开启之前，下一步行走之前，将乐观、积极、快速应变的人生态度当作最重要的东西收入行囊，武装我们的大脑，让它陪伴我们行走在人生长路上，随时准备迎接一切风雨的洗礼、意外的袭击和逆境的到来。

其实，生活中遇到的一切逆境，都是我们人生历程中的一块垫脚石，只要能以积极的心态勇敢地面对，我们就成功了一半，再大的意外也终会化为记忆中的一段波澜。生活中，各种各样的困难、挫折、意外会像尘土般落到我们的头上，若想从中脱身逃来，走向人生的成功与辉煌，办法只有一个：勇敢地面对它们，将它们统统抖落在地、踩在脚下！

面对逆境，不断挑战自己

在逆境的漫漫荒漠中，散布着痛苦、坎坷、失败、厄运、磨难的沙丘。漫天飘荡的沙粒，孤单落寂的沙堆，没有一丝清凉与绿意的荒漠，都让人不由得沮丧、萎靡……女人的一生中，逆境不少，但这同时也会能让人幡然醒悟，看清自己人生的意义，继而鼓起勇气与逆境作战！

面对逆境，只有抱着一颗感恩的心，不断尝试，才能收获逆境所蕴藏的力量，才能从跌倒的地方站起来，鼓足勇气，重新走向成功。看待逆境的态度，决定了女人能从中获得多少。在他人眼中此处或许是一片灰烬，但对于懂得不断尝试的女人而言，却是凤凰涅槃的开始。命运对于有勇气不断尝试的女人来说，就像是盒子里的巧克力，颗颗都充满想象的味道。

珠珠觉得自己当下的生活完全是一片黑暗无边的逆境。相爱多年的男友离开了她，一直都没找到合适的工作，还要在异乡漂泊，应付房租和一日三餐。生存的重压让她喘不过气来。她几乎不堪承受这样的压力。在逆境中，她不断地感慨自己是彻头彻尾的失败者。每天清晨一睁开眼睛，她就想要逃避。在极度沮丧的时候，她想要尝试一些新东西，以便给自己增加一点面对未来的信心和勇气。

这时，她想到了学游泳，于是，她来到了游泳馆。但她既没有游泳常识，又没有约朋友，也没有请教练，她几乎是带着几分自虐独自跳进了泳池里。当她的头整个没进水里的时候，她的耳边产生了如雷鸣般的响声。本能地，她的身体向上猛蹿了一下，加上水的浮力，她的头撞在了护栏上，脑袋中产生了更强的轰鸣。起初，她十分慌乱，但还是不肯放弃，还想尝试，她再次沉入水底，水一下子涌过来口鼻中，她灌进了几口水。虽然感觉到头晕，但是她疯狂地接二连三地沉入水里，全然不顾自己的生死。她有几分赌气地想，我就不信我在游泳上也是个失败者。正在她不管不顾拼命扑腾时，一只有力的手拉住了她。珠珠想要挣脱，但是已经耗尽了力气，只好被那只手紧紧地拽着拉

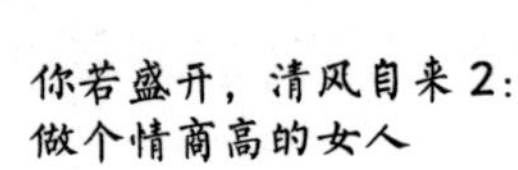

到了池边。

“小女孩，千万不要这样乱来，多危险啊。”是一位中年阿姨的声音。在这个远离亲人的城市里，她需要自己独自承担一切，然而，阿姨的一声充满关怀的“小女孩”，让她的泪水夺眶而出。

“屏住呼吸，相信自己，保持心静，放开手脚，水的浮力自然会把你托起来的。不要胡乱扑腾，那只会越来越糟。”珠珠的情绪终于平静下来，她反复尝试后，终于可以自如地游泳了。她发现阿姨的话不仅仅适用于游泳，同样适用于她目前看似一团糟的生活。

如果你认为自己是失败者，那么谁也无法助你成功。但只要放平心态，相信自己能成功，并不断尝试，就能够在人生的逆境中保持稳定。即使是伸手不见五指的生命角落里，阳光也同样会照进来！其实，大多时候，女人的一生就是如此，逆境只是一种错觉罢了。

生活无须急躁，忍耐可以以退为进

以适时退让求进步，是女人应该认识到的处世智慧和哲理。如引擎利用后退的力量，反而引发更大的动能；如空气越经压缩，反而越具爆破的威力；如将军智慧作战，迂回绕道、转弯前进，反而取得胜利，大破敌军。

勇往直前、积极进取一直是女人们在生活中着力渲染和大力描绘的精神。殊不知，一味地硬碰硬并非最佳选择，适时忍让、退步也不失为一种成功策略。虽然，在我们接受的教育中，“宁为玉碎，不为瓦全”、不达目的誓不罢休的英雄人物是我们交口称赞的焦点。但是，万物是变化的，你不能以一成不变的眼光看待一切，有时候，“退一步就能风平浪静，忍一时方能海阔天空”！

女人如果遇到事情能忍，忍住委屈，忍住泪水，忍住怒气，继续前进，那么你才能明白要想成功，必须低头退让，而事情也常常会取得意想不到的好

结果。

香港女作家亦舒有句名言：“忍无可忍，从头再忍。”这话很有哲理。她笔下的现代女性，性格坚强，在工作取得成功的过程中，总用这句话激励自己，我们也可以把这句话作为座右铭，用以对自己的警示。

女性处于相对弱势的地位，所以更善于忍耐，积极进取的忍耐无疑是一种坚强的表现。须知，“退”“忍”不过是女人们把拳头收回来，积蓄力量，以待下一次的有力出击罢了。蕊蕊能成长为有担当的文化馆中层干部，也得益于她的忍耐力。

结婚后，为了方便照顾家庭和孩子，蕊蕊就近到了文化馆工作，馆长将她分到了保管部，每一天都在做一些简单的清理库房文件的工作，她感觉自己就像清洁工一样，每天的工作服都脏兮兮的，完全不能体现自己的价值，看着别的同事都能分配到很显赫的党政部门，甚至有的已经开始在仕途上崭露头角，而她却在这个角落打杂，为此她心里非常委屈，但她又想“忍”吧，毕竟在这里能照顾到家庭，再说，也许这是上天对自己的考验，让自己从基层做起，一步步爬上去。

就这样，蕊蕊潜下心来，在清理文件的同时，很快她就熟悉了文化馆的各类文件和工作流程，并可以写出像样的计划大纲和论文。在这看似简单的工作中，蕊蕊发现最能成就专业的岗位是保管部，而不是那些显赫的部门。随着蕊蕊资历的增加，她也从普通的保管员晋升为保管部主任，后来又负责保管、研究及企划工作，进而成为文化馆的中层干部。

短短几年的时间，蕊蕊就完成了在文化馆的三级跳，对此，她坦言：“今天我所取得的这一切成就，都得益于当年在保管部打下的业务基础，也得益于我忍耐的那段岁月，是那段岁月让我学会思考、学会沉淀，让我爱上了我现在的工作。”

对女人来说，未来取得成就的大小同忍耐力的多少成正比，没有忍耐便不会有成就，忍耐得越多，成就也就越大。蕊蕊就用自身的蜕变完美地阐释了这一道理。

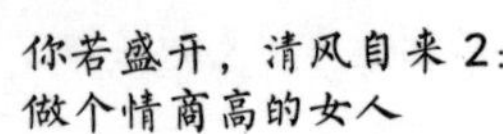

在为前途奋斗的征途上，若女人能考虑大局、适时退让，磨炼自我并战胜自我，那么任何困难、僵局都能得到化解。切记，适时“退”“忍”并不代表着软弱，只要不是在穷途末路时退却，你就还有希望看到风平浪静的风景、海阔天空的画面、不期而至的成功，领悟到女人人生的智慧！

赠人玫瑰，手有余香

你帮过的人越多，服务的地方越广，那你的人脉就越广，如此，你成功的机会就越大，得到的回报就越多，实现梦想的可能性就越大。正如“赠人玫瑰，手有余香”所言，生活就是一面镜子，女人对它怎样，它也会怎样回报你。

其实，成功的可能性对每个女人来说都是一样的，这其中的关键不在于你赢过了多少人、你比多少人强，而在于你帮助过多少人。像冬冬，就因为经常帮助别人，而拿到了梦寐以求的最佳志愿妈妈的奖牌。

冬冬在读书时就是学校党支部委员、学校志愿者协会主席，她活跃在志愿服务中，在她的带领下，学校志愿者队伍逐渐壮大，而参加工作、结婚、生子后，她更是组织同事们成立了妈妈义工队。

了解冬冬的人都知道，她有一副热心肠，总喜欢帮助他人。单位组织运动会，冬冬便带着自己组织的妈妈义工队忙碌开了，又是搬器材、捡会场的垃圾，又是当啦啦队、照顾不小心受伤的同事，尽可能为同事们创造轻松、和谐的比赛氛围。

在汶川大地震发生后，冬冬焦急万分，非常想加入志愿队，深入灾区帮助他人，但因工务繁多，她没法立刻赶赴灾区。冬冬心想，在单位也同样可以做点事情帮助灾区，于是，她在单位发起倡议，发动全体同事捐款、捐物，向灾区献爱心，帮助同胞重建家园。

工作之余，冬冬将妈妈志愿服务扩展到了小区内，经常和同事们一起到

敬老院慰问老人们，每次她们都会给老人带去水果等慰问品，并精心编排节目表演给老人看。一次慰问结束后，一位老奶奶拉着冬冬的手说："不知道为什么我每天早晨起来都背疼。"冬冬听后，立刻蹲下身去给老奶奶捶背。一段时间下来，冬冬和老人们就像亲人一样了，如今，只要冬冬有空就会去看望老人家，陪他们说话，给他们做按摩。

在前不久，市里面刚举行的市优秀志愿者评选中，冬冬以她优异的表现和乐于助人的形象全票当选为市优秀志愿者。在发表获奖感言时，冬冬由衷地说："我父母就是典型的热心肠，在他们的言传身教下，我也喜欢帮助别人，也想教育我的孩子学会帮助别人。我觉得每天都能帮助别人是一种幸福，仿佛人生价值也是双倍的，这是其他财富所不能给予的，而今天能拿到这个奖，也是我所不曾料想的，没想到帮助别人竟会让我梦想成真。"

的确，就像冬冬感叹的一样，帮助别人，我们的人生价值和幸福感都是双倍的，而且能带给我们梦想中的成功。

马克思就曾说过，如果一个人只为自己活着，那么他的生命是黯淡的；人们只有为同时代人的完美、为他们的幸福而生活，才能使自己的生活具有意义，才能让自己的梦想照进现实。《圣经》中的天堂也正是这样一幅画面。

《圣经》里讲过这样一个故事：从前有个人，他想知道天堂和地狱是怎样的，就去请教上帝，上帝知道他的来意后，想了想说："好吧，我就带你去看看地狱吧。"就把这个人带到了一个房间里，这个房间中间放着一张桌子，桌子中央放着一锅汤，桌子四周围着好多人，每个人的手里都拿着一个有着长柄的勺子，他们都因为舀了汤后勺子柄太长，无法送到自己的嘴里而大哭大闹，很是痛苦。"看到了吧，这就是地狱！"

然后，上帝把他带到另一个房间，这个房间中间也放着一张桌子，四周也围着好多人，每个人手里也都拿着一个长柄的勺子，不同的是他们舀了汤后，不是送到自己的嘴里，而是送到对面人的嘴里，如此，大家都喝到了汤。"看到了吧，这就是天堂！"

其实天堂和地狱的差别就在于地狱里的人只想到自己，不想到别人，他

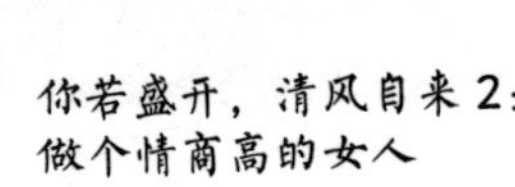

们过得很痛苦。而天堂里的人，想到别人，别人也想到你，所以都能实现自己的愿望，过得很满足。

随着当代社会分工越来越细，对于女人来说，与他人之间的交流与合作也日益频繁：没有社会和他人的帮助，自己就会陷入孤立的困境；而要得到社会和他人的帮助，首先要帮助别人。

的确是这样，当我们付出自己的真心和爱去帮助他人的时候，真情的回馈也会降临我们身边。身为女人，我们每个人都有着渴望实现的目标，但如果不愿意帮助有需要的人，不善于付出自己的真心，就很难达成自己的初衷，实现自己的梦想。人与人之间相互帮助，才能携手促进社会的发展与进步，将自己的理想变成可能！

凡事有度，适可而止

俗语“尺寸长短，分寸自如”说的是做人要有度，这样才能稳中求进，走向成功。比如你在学校学习每一门功课时，都要知道在什么地方停一下，想一想，回顾一下；也要知道在什么地方止住，以开始学习新的内容。

女人在生活和工作中也是如此，只有知道如何停止，才有可能知道如何加速。天下万物皆有度，皆有止。乔乔正是因能有度地面对职场的变化，一切适可而止，才渐渐适应了教师的工作并成为优秀教师的。

乔乔刚走上工作岗位时，才二十出头，后来，因为家庭的原因，一度离开了教师岗位，直到30多岁才又返回讲台。重回教学工作对于乔乔来说一切都是那么新鲜。随着工作日数一天天增加，乔乔渐渐听到周围的老师说着这样一些话：“乔乔老师做人没分寸，不知道怎么把握度啊。”“乔乔老师脾气太好，教书没魄力，对待学生也没个度”……

面对这些评论，乔乔沉默了，她开始反省自身存在的问题，跟着资格老的老师学习什么是“默默无闻”、什么是“兢兢业业”、什么是“术业有专

攻”、什么是“做人要大气”、什么是“对待学生要有度”、什么是“处世要有分寸”、什么是“适可而止”，渐渐地，乔乔褪去了身上那丝张扬，学会了低调行事、谦虚做人、凡事有度、适可而止。乔乔努力地让自己张弛有度，并不断地鞭策自己一定要成为一个勤奋、功底扎实、做人有度的教师。终于，乔乔在重新执教5年后获得了优秀教师的称号。

凡事有度，是女人能顺利、睿智地走完一生的锦囊。正如此，乔乔才蜕变为如今的张弛有度。

凡事有“度”是女人应掌握的做人处世方法。俗话说“量小非君子，无度不丈夫”，女人有“度”，意味着她接受过良好的道德修养教育，她对于人间的各种好与不好、幸与不幸的事情不会有太大的起伏。

对女人来说，凡事有度是你应学会和理解的一种弹性的生存方式，遇事就应该强调适可而止、有所节制。凡事有度是女人给自己的心灵设个限度，并不是有意放慢行走的步伐，而是对自己人生有利有礼有节地把握。

有度，是女人做人做事的大智慧：身在职场，说话懂得委婉，酝酿有度，你将左右逢源；做人做事有度应对，你将进退自如。能有度地把握人生中的一切，你就能学会用更高的智慧看清事业路上的选择，从而更有分寸地谋划自己的未来。

凡事有度，一切适可而止，会让艰难困苦在女人挺起的脊背上悄然后退，会让你容纳下更多可以容纳的东西，驾驭人生之舟过万重山、千条河！

第 16 章　散播欢乐，高情商的女人懂得送人欢乐

做“开心果”，帮身边的人忘却烦恼

花，是对人笑容的形容，的确，世上任何花都比不上女人的笑颜如花。虽然不是每一个女人都有着漂亮的容貌，但是每个人每天都可以有一颗快乐的心和一张充满笑意的脸。

当今快节奏的职场生活，让女人背负了比以往更多的责任、负担，外界的压力导致许多职场新人习惯把自己的心囚禁在一个狭小的天地里，于是烦恼、苦闷、忧郁便随之而来，工作效率也渐渐下降，甚至感觉办公室都处于低气压中。其实，情商高的女人应该知道要开心地工作，并努力成为办公室的开心果，这样，才能工作得轻松、随意、自我，用每天的好心情战胜一切烦恼。

乐乐是公司新招聘的一批职员。对于新入职的她，本着初生牛犊不畏虎的精神，似乎什么都懂，什么话都敢说，给本来死气沉沉的办公室带来了生气，尤其是在中饭时间，整个办公室只听到乐乐叽叽喳喳，引得大家笑声一片。

一天，电视中正在播“百家讲坛”，讲的是苏轼，同事们很喜欢看这类节目，大家边看边议论。乐乐见状，走过来插话了：“苏轼！我知道，他又

叫苏东坡。”同一办公室的一个同事听见了，来劲了，冲着乐乐笑道：“又来了，你肚子里的东西倒蛮多嘛。那我考考你，‘三苏’是说哪三个人？”

只听乐乐马上脱口而出：“爸爸叫苏联，儿子叫苏东坡，女儿叫苏格兰。”同事们顿时面面相觑，大笑不止。待大家稍微缓过神，笑着批评乐乐说：“苏家都跑到英国去了。”乐乐毫不犹豫地说：“这你们就不知道了吧，苏格兰就是大名鼎鼎的苏小妹。”

同事们再也忍不住，哄堂大笑起来，被乐乐的语言彻底“雷”到了，也就是从那天起，同事们对乐乐有了新的认识，什么工作都喜欢和乐乐一起做，因为同事们都从内心里喜欢她，觉得工作再紧张，身边有个“开心果”在，就会快乐地完成。

其实快乐不只是一种感觉，还是一种女人对人生的态度。乐乐用这样一种心态对待工作和生活，就像一缕春风滋润着每位同事的心，让每个同事都非常开心，能不招同事们喜欢吗？

语言委婉，做最会说话的女人

会说话是女人睿智、成功、能力和良好生活态度的展示。当今世界竞争日益激烈，女人要在社会上立足，除了要拥有参与竞争、迎接挑战所必备的知识和技能之外，得体的说话技巧、优秀的口才无疑会助你占据一个有利于发展的制高点，成为你迈向成功和幸福的砝码。

会说话的作用是全方位的。生活中，它能帮你开启与人谈天说地、交流感情、拉近距离的阀门，从而发展天长地久的友谊，赢得忠贞不渝的爱情；当你与他人关系出现瑕疵时，它是修复伤痕、治愈心灵的疗伤神药。正如埃及谚语所说：“有口才使你雄辩滔滔，占尽上风。”

一天，一家服装店走进一位客人，要求退回一件外衣。但是她已经把衣服带回家并且穿过了，只是她丈夫不喜欢。她辩解说“绝没穿过”，要求退

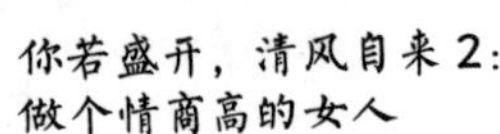

掉。可是女售货员璐璐检查了外衣，并发现明显有干洗过的痕迹。

这时，璐璐考虑到直截了当地向顾客说明这一点，顾客是绝不会轻易承认的，因为她已经说过“绝没穿过”，而且精心伪装了没有穿过的痕迹。这样，双方可能会发生争执。于是，璐璐说：“我很想知道是否您丈夫把这件衣服错送到了干洗店去了。我记得不久前我也发生过一件同样的事情，我把一件刚买的衣服和其他衣服一起堆放在沙发上，结果我丈夫没注意，把这件新衣服和一大堆脏衣服一股脑儿塞进了洗衣机。我怀疑您是否也遇到这种事情——因为这件衣服的确看得出已经被洗过的明显痕迹。不信的话，你可以跟其他衣服比一比。”

顾客看了看证据知道无可辩驳，而璐璐又为她的错误准备了借口，给了她一个台阶——说可能是她的丈夫在没注意的情况下，把衣服送到了干洗店。于是顾客顺水推舟，乖乖地收起衣服走了。璐璐的话说到顾客心里去了，使她不好意思再坚持。一场可能的争吵就这样避免了。

可见，女人要会说话，尤其是在人际交往中，一句得体而智慧的话语往往能创造意想不到的契机，进而起到事半功倍的效果。璐璐的一番话既表现了对顾客的尊重，又营造了宽松和谐的交谈氛围，令事情得到圆满解决。

女人每天的喜怒哀乐往往由其言语来决定，口才好，说话流利会被人赏识，既有才干又兼备口才的女人成功的希望更大，因为你的才干完全可以通过言语谈吐充分地表露出来，使他人能更深入地了解你，重视你，把重任托付于你。是否会说话一直是决定女人生活质量高低及事业优劣成败的重要因素。

会说话的女人颇有一种不可思议的力量，能缓解周围紧张的气氛，为人送上丝丝轻松。会说话的女人能流利表达出自己的意图，把观念阐述得有条有理，一丝不乱，使别人心悦诚服地接受。同时，还能在对话中探知对方的意图，增加彼此的了解以建立良好的友谊。不会说话的女人，常因不能完整表达自己的初衷，而使对方费神不能信服。

甄嘉嘉是一家化妆品公司的老总，她最不能接受的事就是凯迪拉克轿车的推销员开着福特轿车四处游说，人寿保险公司的经理自己不参加保险。所

以，她要求公司的所有职员都要用自己公司生产的化妆品。

一次，她发现一位下属正在使用另外一家公司生产的粉底及唇膏，这位下属吓得赶紧收了起来。甄嘉嘉走到她桌旁，微笑地说道："老天爷，你在干吗？你不会是在公司里使用别的公司的产品吧？"她的口气十分轻松，脸上洋溢着微笑。

下属的脸微微地红了，不敢吱声，心想这下该挨批了，但是，甄嘉嘉并没有发火，什么都没说就走开了。第二天，甄嘉嘉送给她一套公司的化妆及护肤产品，并对她说："如果在使用过程中觉得有什么不适，欢迎你及时地告诉我。"后来，公司所有的新老员工都有了一整套本公司生产的适合自己的化妆品和护肤品。甄嘉嘉亲自做了详细的示范。她还告诉员工，以后员工在购买公司的化妆品时可以打折。甄嘉嘉亲和的态度和友善的口语表达，使她自然地与员工打成一片，成功地灌输了员工正确的经营理念。

成为会说话是女人智慧的体现，也是生活中最基本、最重要的头等大事。会说话是女人跨越人生和事业成功的第一道壕沟，能灵活运用各类说话技巧，便拥有了打开成功之门的金钥匙。会说话的女人往往是成功的女人。

女人拥有了不起的口才，方能抓住机遇、逢凶化吉、转危为安、左右逢源、如鱼得水，处处顺行畅通无阻。女人在一生中，无论你选择如何度过漫漫人生，采用何种生活方式，实现哪种目标，都无可避免地要与他人交往、沟通和相处。

女人会说话，拥有滔滔不绝的口才，总能很愉快地成就很多事情，使周遭人不知不觉折服于其能力之下。因为她们懂得"到什么山唱什么歌，见什么人说什么话"；她们能将想要表达的内容动之以情、晓之以理地表述出来，使人如沐春风，自然也能让自身魅力无穷！

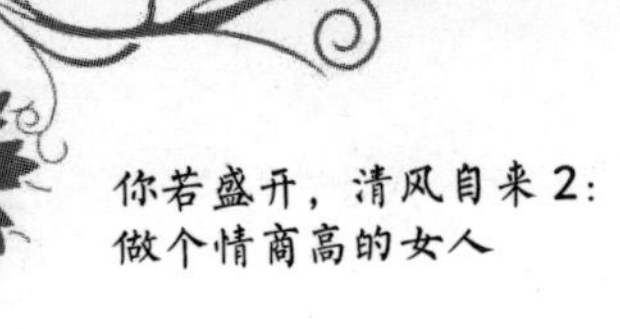

真诚赞美，做最惹人喜欢的女人

我们每天的工作都离不开办公室，如果办公室的氛围沉闷死板，处处堆积着厚重的文件、充满了毫无尽头的公务，长此以往，我们也会在不知不觉中失去热情；在这种情形之下，工作压力也会随之加大，你就会变得烦躁不堪而经常想起不愉快的事情，平时简单的工作也会变得复杂和难以负荷。这时，你的内心就会涌起希望赞美和关心的渴望。

唯有会恭维讨巧的女人，才是真正的讨人喜欢。真诚的恭维讨巧是建立良好人际关系的基石，更是个人事业成功的加速器。恭维讨巧是我们发自内心地欣赏他人，然后用真诚的语言表达给对方的过程，是一种良好的人际互动，是人与人之间相互关爱的体现。

《武林外传》中就上演过这样的故事。为了鼓励郭芙蓉干活，同伴们个个嘴上像抹了蜜一样。吕秀才说："帮我把这双鞋洗了吧，顺便把鞋底儿重新纳一下。你是最棒的！"李大嘴说："帮我把这苞米搓了，顺便磨成面。你行，你不是一般人。"连小贝抱来要洗的被子还不忘赞美上几句："谢谢你啊，全靠你了！"

在这样的恭维讨巧面前，大概不仅是郭芙蓉，我们任何人都只能束手就擒，奋力工作了。的确，恭维讨巧之词有种让人难以抗拒的魔力。其实，恭维讨巧是件非常容易的事情——从"你今天气色不错"到"这个新发型很适合你"，或者"你的策划非常棒，对公司的发展很有帮助"，甚至是一句"你可以的，一定能做到"的鼓励，都会让对方感觉到被关注，无形中拉近你与人们之间的距离。

在一家出国咨询公司做高级文案的张嘉嘉，一直从事着文字翻译工作，做了四五年。在从前的工作中，她行事小心翼翼，态度谦和，很少有机会锻炼说话的能力。

随后，她跳槽到一家新公司。刚到新公司第一个月，老板非常欣赏地对

她说，“小张好样的，你已经是公司正式员工了。”听后，她开心不已，下班后还乐颠颠地继续干活。“小张，你的翻译文案写得真好，我做十几年都写不出你的水平。” 张嘉嘉觉得自己这段时间的辛苦确实没有白费，老板的赞赏是对她最大的认同。此后，张嘉嘉一改曾经的慢条斯理，话变多了，她将自己的改变归功于老板的赞美，她说：“是老板的赞美令我的生活变得如此多姿多彩。”

真诚的恭维讨巧如同和风絮语、令人愉快的催化剂，散发着难以想象的动力。恭维讨巧是发自内心的、真诚的、自然而然的善意行为，不需要你绞尽脑汁，处心积虑，但你也要掌握一些其中的奥秘。

学会把恭维讨巧当作学习的机会，把其他同事的优点作为自己学习的榜样。同时，在实践中学会更自然地表达自己的恭维讨巧：对别人的看法、观念、做法等不可马上表示赞同，而应给自己一段思考的时间，以显示你的谨慎和认真，这样你的赞同会显得更有价值。适当的恭维讨巧可以在任何场合对任何人进行，其实恭维讨巧也是我们的一种情商投资，会为我们的事业带来转机。赞美的措辞要合适，赞美不光是说好话，而是说好听的话，只要语气得当，我们平常的问候也能成为赞美。问候、商量、关心、敬重的口吻同样是奉承。

常常有人采用平铺直叙的口吻恭维讨巧，其效果往往是有限的。如果能换种方式，尝试从否定到肯定的赞美方法，效果就完全不一样了：平铺直叙的赞美是“我像佩服别人一样佩服你”，而从否定到肯定的赞美则是“我很少佩服别人，你是例外”。看看，恭维讨巧的技巧是多么重要！

人人都有自认为得意的事情，且都非常希望得到他人的欣赏和佩服。因此，当你听到别人谈论自己得意的事情时，应及时给予适当的恭维。比如，当某位同事谈到最近接到了一笔大生意时，你可以适时通过一句“你太了不起了，能接到这样一笔大单，我从来没见过这么大的单呢”来抒发自己的赞美之情。

一句恰到好处的恭维讨巧能激发我们工作的热情。马斯洛的需求层次理

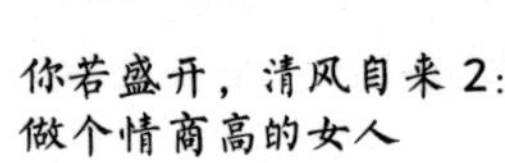

论指出，人在确保温饱之后，最希望得到的就是“自我实现”，可见，人的天性便是喜欢被人赞美。听到恭维讨巧的话语时，就会觉得自身价值得到了肯定，自身的工作能力得到了认同，这样，就能产生了一种不断前行的力量，更积极地工作。日积月累之下，你的情商便会得到显著提高，而你周围的人际关系也变得和谐快乐！

少些攀比，品味属于自己的小幸福

未来的生活就像是充满分叉的树干，在发展的过程中拥有无数的可能性。此时的停顿可能是为了下一步的飞跃；此时的转弯可能孕育了新的方向；此时的“少比较”可能是为了赢得更美好的前程……所以，适当的付出是必不可少的，而适时的“少比较”也是一种对生活的投资，不攀比才会收获美好的未来。

爱攀比的人往往会比输，因为你往往会因害怕吃亏而处处小心、谨慎，甚至裹足不前，这样就丧失了很多前行、进步的机会。李春正是因为不爱比较，能吃亏，利用一切时间“投资”于学习，才在30多岁时迎来了事业的第二春。

李春是一名司机，每天工作起早贪黑，还要照顾家庭和孩子，十分辛苦。同为司机班的一群同事，总是抱怨生活，他们认为自己白天奔波运输，很累很辛苦，还总是质问为什么别人的工作轻松自在，自己却辛苦劳累。于是，他们在休息的时间里，总是以打牌或去卡拉OK打发时间，抒发愤懑。唯有李春不与他们为伍，她每天都快乐地完成自己分内的工作，并在开车时听国际英语电台，然后回家照顾孩子，和孩子一起学英语。下班后认真把车擦洗干净以后，一有休息时间，就拿着中学英语课本、《新概念英语》苦读，并经常找其他部门英语好的同事请教，有时，还找孩子的英语老师请教。几年下来，她的英语已经达到了相当不错的水平。于是，她提出了辞职，去一家港资公司做了

对外联络员，而且做得风生水起，有了不错的业绩。

李春的成功，正是她长期自我投资的结果，她用实际行动告诉了女人们，适时的“少比较”是一种投资，未来的改变正来源于此，女人们不用再羡慕别人轻松、舒适的工作了，适当地投资自己，你也可以改变生活，延长女人事业的保鲜期。

买保险也是同样的道理。当然，对于保险这种家庭或个人的投资项目，有的女人会“比较”说，买别的东西时，我们会当即得到某种商品或获得某种服务，而我们在花钱买保险的当时什么也得不到，只是承诺在我们日后遭遇到某种损失时才能获得赔偿（养老保险是在到达一定年龄时才有回报，但因人的死亡时间无法预测，所以回报多少也是一个未知数），这样，我们买保险的钱就可能“白花”，或者花得多而得到的收益少。其实，这种想法是不对的。

保险是什么？保险是“集千家万户之财，救一家一户之灾”，是一种互助共济的有效方式。我们买保险花的钱，实际上买的是个人财产的安全和老年后生活的保障，而不是日后可能发生也可能不发生的“赔偿费”。在日常生活中女人们知道，过日子不能随时都吃光花净，总要“留一手”，以备日后遭到不可预测的损失时之需要。因此，现代人很多都买保险，而且有的项目保险费还极高，如果没有发生意外，这笔巨款就算白扔给保险公司了。看似很傻的事，但是为什么还是有那么多人坚持买保险呢？

想想就会明白了，买保险和“少比较”有异曲同工之妙，买保险是人们对未来实施的一种保障，不管能否启用；而“少比较”则是对日后各种机会的一种投资，不管是否能把握好。因此，在生命中，30多岁的女人不妨为自己多做点“投资”，“少一点比较”，说不定这就是未来的福气，能为你的命运带来转机，体会更多幸福快乐！

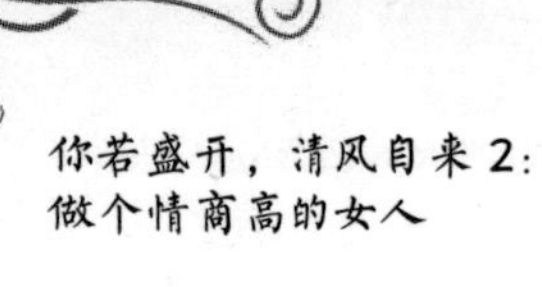

情商是女人获得幸福的重要法宝

情商是女人获得幸福的力量源泉，因为情商高，女人会变得更幸福。高情商的女人，她会每一天都当成新的开始，无论昨天多么困难，毕竟都已经过去了，从今天开始，又是新的生活、新的开始。当她们这样想的时候，她们已经精神百倍地开始去新的生活了。在她们看来，每天醒来，能够自由地呼吸，能够灿烂地微笑，那就是莫大的幸运，因此她们无时无刻不感觉到自己是幸福的。高情商的女人常常会为身边的美好事物和自然景观而感到心情愉悦，比如沾着露珠的鲜花，雨后清新的空气。不管情形多么糟糕，她们都善于将自己的思路和言谈都引导到振奋人心、鼓劲儿的观念上去，并将糟糕情形中的消极方面压缩到最低限度，竭力找出积极的、振奋人心的东西。

薛尔德太太住在密歇根州沙支那城，她以前是靠推销《世界百科全书》之类的书籍生活，后来因为有了自己的家庭便辞去了工作，那时候日子虽然不富足，但是也过得很安乐。但是很快，她陷入苦难。1937年，她的丈夫去世了，她自己几乎身无分文，这令她非常恐慌。那段时间，她精神极度颓废、崩溃。后来，她给以前的老板奥罗区先生写信，请求他能让自己回去做以前的工作。得到老板的应允后，她四处借钱凑足了分期付款的钱买了一辆旧车，又开始重新以推销那些书籍为生。

薛尔德太太希望能够通过繁忙的工作来摆脱颓废和不安，可是她很快发现不行。毕竟她的丈夫已经不在了，只有她一个人驾车，一个人做饭吃，一个人生活，这所有的一切都令她无法承受。而她的工作也让她困扰，有些地方根本就卖不出去书，所以业绩不太好，虽然她买车的钱不是很多，但是对于她来说还是很难凑齐。她整天觉得心情很沮丧，对生活也没有什么希望，她甚至绝望得差点自杀。

有一天，她读到了一篇文章，那篇文章中的一句话让她活了下来："对一个聪明人来说，每天都是一个新人生。"这句话令她精神振奋，于是，她把

这句话打印出来，贴在汽车前面的挡风玻璃上，为的就是自己开车的时候能随时看见它。薛尔德太太发现每次只活一天一点都不难。就这样，她摆脱了孤寂和恐慌，她觉得很幸福，工作业绩也上去了。

在案例中，薛尔德太太由过去的低情商变成了高情商，她开始将每一天都看作是新生的，因此她能够在每一天里忘记过去，不想将来，只是关注着正在活着的这一天。因此她能够很快摆脱自己过去的恐慌心情，而变得幸福。在高情商女人看来，不管过去有多么糟糕，但那毕竟已成为昨天，新的一天是忘记了痛苦的一天。每次只幸福地过一天，这是很容易做到的事。

她今年55岁了，可是显得十分年轻，脸上一丝皱纹也看不见，站在人群中，总是优雅高贵，魅力四射。她曾经离过一次婚，甚至还与前夫对簿公堂，这样的人生会让很多人觉得不那么完美。但她现在的婚姻生活十分幸福，夫妻相敬如宾，是朋友，也是亲人。

有人忍不住问："你的保养秘诀是什么？"

她幸福地笑着："保持乐观的心态。"

保持乐观的心态，也是女人高情商的一种表现。因为有乐观的心态，所以可以坦然面对自己失败的婚姻，而不是从此一蹶不振。她从自己失败的婚姻里走了出来，对新的生活充满了信心，因此才会邂逅另一段浪漫的感情。由于高情商，她成为了不老传奇，是众多女人的榜样。

罗勃·史蒂文生写道："从现在一直到我们上床，不论任务有多重，我们每个人都能支持到夜晚的降临，无论工作多么艰苦，每个人都能做自己当天的工作，都能很开心、很纯洁、很有爱心地活到日落西山，这就是生命的真谛。"高情商的女人很容易领悟到生命的真谛，也因为如此，她们在生活中会感受到更多的幸福。而低情商的女人总是停留在过去的阴影里，最终她们的身体和精神也被彻底摧垮了。对高情商的女人来说，自己所能做的就是把每一天当作新生，并为活在这一刻而感到幸福。

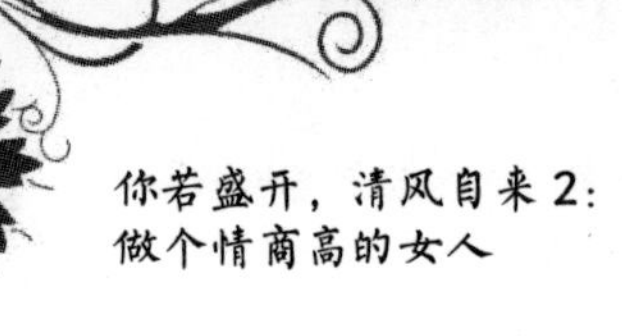

情商高的女人有掌控全局的本领

卡耐基说："如果只有柠檬，就做杯柠檬汁。"当你第一次尝到柠檬，那一口酸入心脾的味道一沾舌尖，你立即就会龇牙咧嘴忙不迭地吐出来。如果上天只给你个柠檬，确实是一件郁闷的事情，但我们却可以将这个酸柠檬做成甜的柠檬汁。柠檬本身是又苦又酸的，难以下咽，可是如果你把它榨成汁，加上糖，倒进蜂蜜，却能变成味道很好的柠檬汁。尽管生命给我们酸苦，但是我们可以让它变得甘甜。有的人不幸拿到柠檬，他就会自暴自弃地说："我垮了。这就是命运，我连一点机会都没有。"高情商的女人善于用柠檬做成柠檬汁，将那些所谓的劣势转换为自己的优势。我们必须明白，生活中的快乐并不是来自享乐中，还有一部分是来自一种挑战挫败的成就感，一种超越挫折的胜利，一次将命运的酸柠檬榨成可口柠檬汁的过程。

波姬·戴尔是一位眼睛有残疾的女人，她只有一只满是疮疤的眼睛，只能靠眼睛左边的小洞来观察这个世界。而当她看书的时候，她必须把书贴近脸，然后努力眼睛往左边斜。虽然如此，但是她拒绝别人的怜悯，而营造快乐的心情来享受生活。

小的时候，她渴望跟其他孩子一样玩跳房子，但是由于自己眼睛的关系，她看不见地上的线。于是，她等伙伴们都回家了自己一个人趴在地上，将眼睛贴到线上看来看去，并且牢牢记住玩的地方。不久之后，她就成为玩跳房子的高手。读书时，她把大字印的书紧紧贴在自己的脸上，这样艰难地学习着，谁也没有想到，她凭着自己坚韧的毅力，获得了两个学位，分别是明尼芬达州州立大学学士学位和哥伦比亚大学硕士学位。

完成了自己的学业之后，她开始了自己的教书生涯，通过自己的努力，她不但成为文学教授，工作之余还在一些妇女俱乐部发表演讲，还到一家电台主持读书节目，她说："我脑海深处，常常怀着完全失明的恐惧，为了打消这种恐惧，我采取了一种快活而近乎游戏的生活态度。"

戴尔并没有因为自己只有一只眼睛，就抱怨生活的不公平，而是愉快地融入人们的生活中。她甚至不需要人们的怜悯，而是希望自己看起来跟别人没有什么两样。事实上，她做到了，虽然付出了比常人多几倍的努力，但是她依然活出了最优秀的自己，她具有将劣势转化为优势的本领。她把自己身上被别人认为的不幸，变成自己的幸运，并且乐于享受生活的乐趣，所以她能够在失明50年以后，还能通过手术重见光明。生活给了她太多的不幸，可是她并没有对自己的命运进行抱怨，相反，她十分愿意享受生活带来的乐趣，所以生活也给了她同样的回报。

许多年前，一位颇有地位的女性到美国罗纳州的一个学院给学生发表讲话。虽然，这个学院规模并不是很大，但这位女性的到来，使得本来不大的礼堂挤满了兴高采烈的学生，学生们都为有机会聆听这位大人物的演讲而兴奋不已。

经过州长的简单介绍，演讲者走到麦克风前，眼光对着下面的学生们，向左右扫视了一遍，然后开口说："我的生母是聋子，我不知道自己的父亲是谁，也不知道他是否还活在人间，我这辈子所拿到的第一份工作是到棉花田里做事。"

台下的学生们都呆住了，女人继续说："如果情况不尽如人意，我们总可以想办法加以改变。一个人若想改变眼前的不幸或无法尽如人意的情况，只需要回答这样一个简单的问题。"接着，她以坚定的语气接着说，"那就是我希望情况变成什么样，然后全身心投入，朝理想目标前进即可。"说完，她的脸上绽放出美丽的笑容："我的名字叫阿济·泰勒摩尔顿，今天我以唯一一位美国女财政部长的身份站在这里。"顿时，整个礼堂爆发出热烈的掌声。

阿济·泰勒摩尔顿是一位高情商的女性，关于自己的身世，她只知道生母是聋子，而生父不详。她没有任何依靠而饱受了生活磨难，但正是这位表面柔弱的女性，竟成了美国唯一一位女财政部长。高情商的她将自己的不幸转化成一种幸运，多舛的命运在她面前也俯首甘愿认输，这就是高情商的力量所在。

北欧有一句话：“冰冷的北极风造就了强盛的维京人。”上天把冰冷的北极风给了维京人，但是聪明的维京人没有因为北极风就丧失了生活的方向，而是更好地将北极风利用起来，所以他们变得十分强盛。当生活出现了困难和挫折，低情商女人只会怨天尤人、自暴自弃，甚至一蹶不振，所以失败总是紧紧地跟着她们；而高情商女人就会思考，怎么把一些不利的条件转化为自己所用，所以她们往往能够登上成功的宝座。

第 17 章　从心出发，让你的生活处处充满温暖和爱

高情商的女人懂得绕开语言忌讳

在现代职场中，你不可能独来独往，总需要与同事、上司在工作中合作、沟通，而语言口才作为一项基本技能，已被人们所共识。我们常会看到，有时候一句话可以化干戈为玉帛，也可以让同事变成仇人，可以功败垂成，更可以改变人生。可见，语言与我们密切相关。情商高、懂得说话技巧的女人，到处都会受人欢迎，工作也会顺风顺水。

语言不仅能起到传递工作信息的作用，还能让许多素不相识的人成为同事、客户、朋友；能为同事们排忧解难，消除疑虑和误会；能安抚同事烦闷的心情，让他们充满激情地面对工作；能鼓励同事不再悲观，微笑着满怀信心地迎接新工作；还能体现你身在职场的修养、知识、魅力等。所以，身在职场我们应当掌握能说会道的方法和技巧。

老板或上司作为公司的领导，有一定的权威和尊严。所以，在和老板或上司说话时要注意维护他们的尊严，如此才能更好地与之沟通，并有助于树立自己的良好形象。

祺最近对自己的上司很不满意，心中满怀牢骚。原来是别的部门要从祺

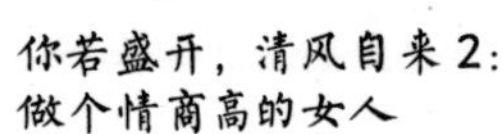

所在的部门调走一个人，祺很想换到这个部门尝试一下，而且那个部门所做的工作正好是祺的专长。于是当上司向大伙征询意见时，祺马上就主动向上司表示自己愿意过去。但是上司根本没有考虑她的想法，反而让别人去了。

身为下属，如此迫不及待地直接向上司要求调去其他部门，作为上司心里会有何想法，自然会感到很没面子，“我对你有这么不好吗？你就这么不愿意待在我领导的部门吗？”自然也不会顺顺利利地让祺去了，即使换个上司，估计也不会让祺就这么容易地去其他部门工作。可以说，祺的沟通方式不当让她无法如愿以偿。

如果祺能掌握语言分寸、时机、技巧，换个方式，找个他人不在场的时间与上级好好交流，谈谈心，认真地向他表示：我很不愿意离开您，很想继续跟着您学知识。但我觉得自己比较适合这个部门的工作，如果您让我过去试试、锻炼一下自己的能力，我一定很感谢您对我的栽培。相信这样一番诚挚的话语，一定会打动上司的心，并很乐意让祺过去。如此，既不会伤和气，祺也能如愿以偿，皆大欢喜，这不是令人满意的结局吗！

在工作中，同事是与你相处时间最长的。和同事的关系处理得好，将十分有利于我们的工作，反之则会成为一种障碍。所以在和同事交流的时候，更应该注意说话的技巧。与同事沟通，要讲究说话的分寸：话太少，大家会认为你不合群、不善交往；话太多，容易让别人反感、误解，认为你爱耍嘴皮子，所以说话尤其要注意掌握分寸。

亭亭对待工作踏实肯干，总是能够又快又好地完成老板交代的工作。所以老板很器重她，常放心地将一些复杂的工作交给她去做。更让亭亭自豪的是，只要她一从老板办公室出来，同事们就对她很亲热，聚在她周围问长问短。为了和大伙打成一片，亭亭就把公司的一些事儿告诉了他们。慢慢地，亭亭发现同事老在背后议论她，说：“一个连老板都出卖的人，什么都说的人，估计不是什么好人！”听到这种评价，亭亭心寒极了，欲哭无泪。

其实亭亭犯了一个和同事交往的大忌——把老板的事泄露出去。常言道“祸从口出”，所以，在和同事交往时一定要把好口风，该说的说，不该说的

不说，说话之前一定要考虑清楚，谨慎而行，才能和同事们和谐相处。

与同事沟通，还要切忌背后说人是非。背后说话，就会有闲言碎语。经常在背后说是非，肯定无法成为受欢迎的人。因为凡是有点头脑的同事，都会这么想：这次你在我面前说别人的坏话，下次你就有可能在别人面前说我的坏话。这样一来，你给人的印象就很难好起来了。

所以别聊私人问题，也别议论公司里的是非短长。你以为议论别人没关系，殊不知，用不了几个来回就能绕到你自己头上，引火烧身，那时再逃跑就显得被动了。

对于爱说话、性子直爽的女人，还要注意不要随便向同事倾吐心事。虽然吐露想法是富有人情味的交谈，也许能使你们之间的关系变得友善，但没有人能够保证严守秘密。所以，当你发生事业危机和感情变故等时，最好不要到处诉苦，切不可把同事的“友善”和“友谊”混为一谈，以免给人造成麻烦不断的印象，而成为大家关注的焦点。

不谈私事，不代表你不坦率，坦率是要分人和分事的，从来就没有不分原则的坦率，什么该说什么不该说，心里必须有谱。就算你刚刚买了新房或利用假期去欧洲玩了一趟，也没必要到办公室去炫耀。有些快乐，分享的圈子越小越好。被人妒忌的滋味并不好，容易招人算计。无论露富还是哭穷，在办公室里都显得做作，容易招人口舌。

无论你是在热恋中还是失恋了，都别把情绪带到工作中来，更别把故事带进来。办公室里与同事闲聊，说起来只图痛快，不看对象，事后往往懊悔不迭。可惜说出口的话，再也收不回来了，后悔也无济于事。

把同事当知己，什么都聊的害处很多，职场是竞技场，每位同事都可能成为你的对手，即便是合作很好的搭档，也有可能突然变脸，其知道你越多，你越容易被攻击。比如你曾告诉同事恋人和别人好了，或许同事心里想的是：“恋人都看不住，情绪肯定不稳定，工作肯定容易出差错。”

身在职场，风云变幻，环境险恶，即使你不害人，也不得不防人，不在办公室聊私事，其实是非常明智的一招，是竞争压力下的自我保护。

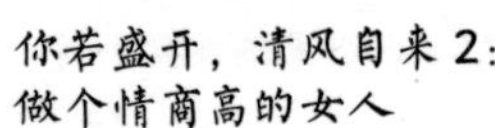

“己所不欲，勿施于人”，如果你不先开口打听别人的私事，自己的秘密也不易被打听。

用心感受，做一个幸福的女人

很多时候，在婚姻的世界里，我们都无法改变我们不希望发生的事情，或是改变对方性格中我们不满意的部分。这时，只能调节自己的心情，用一种更好的心态去面对，才能欣赏、享受爱情的美好。其实女人认为的幸福多是一种境界，更是一种心态。幸福正是女人的一种淡然的心情，来自一个会心的微笑，一句体贴的话语，一个问候的短信，一个温暖的拥抱……

每个女人都在追求幸福，但获得幸福只有一个可靠的方法，即控制你的心态。幸福的婚姻从来不取决于外界的因素，而在于你的心态。在婚姻世界里，有你有我，遥远的相望，守候情缘是种幸福；在希望中静静地等待，等待有情人在一起厮守终生是种幸福；萍水相逢的喜悦，蓦然回首的期待，执手相牵的祝福是种幸福。

晴娟的同事们都说她和她丈夫特别幸福。每天早晨丈夫都会送晴娟上班，一次门卫大爷跟晴娟说“你哥够细心的了，天天送你过来”，可把晴娟乐坏了。30多岁的晴娟和丈夫军在一起6年了，丈夫比她大5岁。

晴娟刚参加工作的第一天就遇到了军，后来军成了她丈夫。丈夫对晴娟是一见钟情，厚着脸皮说尽了甜言蜜语才追到晴娟，一直也特别依从她，用军的形容就是“像一只小绵羊陪在她身边，任凭她用鞭子轻轻抽打”。他俩都很爱旅游，一有假期就出去玩。城市周边和全国各地都留下了他们的足迹。娟怀孕4个月的时候还趁着十一假期出去旅游了，军说她怀孕期间脾气不太好，得带她出去玩玩。他们的小宝宝现在两岁大了。

他俩的婚礼可谓出现了不少波折。晴娟直言：“那期间酒店都不让举办婚宴了，我们的婚礼地点改了三次，日子改了两次，真是伤透了脑筋。那天，

我们在酒店举行了简单的婚礼，原定40桌的计划也缩减到5桌，简单庆祝了一下。”不过晴娟也感言，能在这么特殊的时段内举办婚礼，确实让人终生难忘。

说到结婚这些年的感受，晴娟坦率地说：“在一起这么久，也就婚礼那事儿有点让人头疼，之前之后都是顺顺当当的。有时候朋友们在一起开玩笑，说结婚后马上就‘七年之痒’了，我们的爱情可没有什么坎。秘诀就是‘用幸福的心态对待婚姻’。结婚这些年了，我们并没有因生活琐事冲淡了感情，反而总是用幸福的心态浇灌爱情，所以我们的感情就像注入了‘保鲜剂’。心态良好，生活才能蒸蒸日上嘛。”

幸福蕴藏在婚姻生活的点点滴滴中，它是来自女人心灵深处的一种感觉，一种触及心灵深处的悸动，泛出甜美的感受。确实，幸福的心态就是婚姻的“润滑剂”。

我们所感受到的幸福没有形状，也没有绝对的标准可言。饥渴时，幸福的心态是一碗粗茶淡饭或一杯清水；贫穷时，幸福的心态是一顿丰盛的饭菜；困乏时，幸福的心态是有一张床能够躺下安歇……

幸福的心态如同你脚上穿的鞋子，有的人看你的鞋子外面又脏又破，可是你觉得穿着很舒服，敝帚自珍，你也会感到由衷的幸福。正是因为幸福的千姿百态、摇曳生姿，才使得追求幸福的方式也各有千秋。而心态是其中的关键，只要自己觉得幸福，那你就是全世界最幸福的女人。

珍看着身边和她同龄的姐妹及同事都陆陆续续搬进了大房子、买上了自己的车、频繁出入大型购物商场，心里十分艳羡。再想想自己和丈夫每个月不多的工资，突觉日子过得乏味而难堪，心底不免涌出莫名的不满，一肚子火气都不知道该找谁发泄，看什么什么不顺眼，做什么什么都憋气，脸色越来越难看，心情也越来越糟糕，常常感觉自己是天下最不幸的女人。一天，丈夫突然问她：“你最近怎么了，怎么老不开心？工作不顺利？” 在得到否定的答复后，丈夫表示不理解：“那你为什么每天都黑着脸不高兴呢？”她说她觉得不幸福。“那什么才是你想要的幸福呢？”丈夫歪着脑袋认真地问。“你看看别

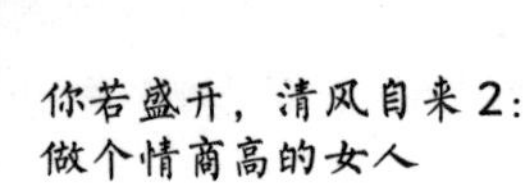

人，有大房子有自家车有很多钱，可我们呢？！”丈夫不以为然地说：“你有我和儿子呀！你有我和儿子爱你难道你还不幸福吗？”

婚姻生活中不如意之事十有八九，本来就是多味豆，酸甜苦辣尽有，这是现实，我们没有必要过分感伤和抱怨。珍丈夫的一句话便重新唤醒了珍心底深处的幸福感，是啊，幸福是种心态，在乎自身的感受，怎会是一些虚荣和媚俗的东西呢！

境由心生，女人要学会把自己的心态调节好，要理性、洒脱和豁达，把幸福的心态变成一种习惯，让幸福的阳光时时光临我们的人生，分分秒秒都能照进我们的生活。女人的家庭幸福与否，关键在于你的心态。

心态幸福了，一切就都变了，幸福的心态决定着美好与丑陋、成功与失败、痛苦与快乐。调整好自己的心态，也就调整好了自己的生活、自己的世界。正所谓爱恨一念间，心态变了，天地自然就宽了，爱自然就豁达了，婚姻自然就幸福了！

勇于担当，为婚姻保驾护航

女人的婚姻本就是一次漫长的旅途，当花前月下的恋爱让位给柴米油盐的婚姻，当浪漫火热的情话让位给一日三餐的生活，当相思成灾的甜蜜让位给每日相守的平淡时，我们需要担待，才能为爱保鲜。如果没有了这样一种宽容、包容、谅解的担待，这旅程便不再鸟语花香、充满朝气。

如果日子过于平静，婚姻则潜藏着危机；如果日子过于吵闹，婚姻则会走向死角。女人如何经营一份平和的婚姻生活，那要看两个人的性格兴趣、磨合理解，尤其是担当的程度。婚姻像双脚，朝的是同一个方向，若左脚向左，右脚却要向右，如何前进呢？而担当正是促使双脚同行的使者。

有甜有苦、有笑有泪便是婚姻的滋味。如果能求同存异，相互谦让，那必是一种甜美的幸福婚姻，能让人心情轻松，努力创业，享受快乐；反之，则

是一种婚姻的苦果，会令女人痛苦不已，会成为心理负担，令人萎靡不振。在婚姻中，女人学会多些担待、多点付出、多点温柔、多点体贴、多些浪漫，这就如同在婚姻的围墙边种上五彩缤纷的花朵，让人的心情分外迷人。

婚姻中要担待的地方非常多，我们要担待对方因见解不同时的出言不逊；我们要担待对方在职场竞争中失败后的心烦气躁，甚至一时的灰心丧气；我们要担待柴米油盐、一日三餐中的琐碎、重复、乏味；我们要担待青春已逝、红颜已老，疾病突袭时的安慰照顾……最难担待的或许还有这样那样的原因而造成的情感危机，虽然有这样那样的危机、困难，但若我们都有一颗包容担当的心，相信危机终会过去，日子依旧精彩！

云和华是一对夫妻，平时都忙于工作和家务，爱在他们之间变得很平庸。华想，婚前的云是那么爱他，于是，为了唤起老婆对他的爱，重新点燃她的激情，他想再浪漫一次，他约云到一个餐馆吃饭。快下班时单位开了一个会，等他冒着滂沱大雨赶到时，已经迟到了半个小时，云很不高兴地说："你怎么这么晚来呀，我都没有心情和你吃饭了，以后不要再这样迟到了。"华的心瞬间一动，随之崩溃冷却。

盈和君同样是一对夫妻，君也为了制造两人相处的机会而约盈吃饭，因公事繁忙，君也迟到了，但当君冒雨赶到时，老婆盈说："你忙坏了吧？"边说边为他拭去脸上的雨水。君的心瞬间一动，满是温馨甜蜜。

女人在婚姻中不要企图保持炽热激情，让爱情自然地发展吧，要知道，激情和热爱会随时间而消失。彼此的宽容、忍让、担当、不计较才是共同快乐生活的诀窍。我们常说，婚姻是一个空盒子，你必须往里面放东西，才能取回你所要的东西；你放得多，得到的也就多。盈和君的婚姻就是如此，放入担当，婚姻自然甜蜜，感情自然温馨。

佳佳和丈夫结婚10年了，佳佳常对丈夫说："亲爱的老公，我希望你改变自己做的、说的某些事，即使你不改，我还是一样爱你，因为我爱的是你这个人，而不是你做的事。即使有时候我真的不喜欢你做的事，但我还是一样爱你。"丈夫听后也感动地说："我很高兴你喜欢我这个人，否则我们的婚姻就

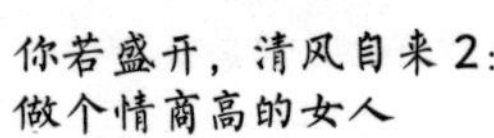

毫无意义了。亲爱的，我不喜欢觉得自己好像为了你而活，我只想做我自己。如果你喜欢我这个人，我也愿意改变我自己，使我们之间变得更美好。”

要知道，只有无条件的爱才是真爱，只有担当才能让彼此在婚姻中仍保持本真。女人在婚姻中不要为了公平而争吵，也不要为试图改变对方而争吵，如果你要争吵的话，那你和丈夫之间必须为争吵进行相等的准备，要知道，吵架没有哪方会赢。

遇事我们要学会扪心自问：这件事情真的是值得我争吵吗？得出的结论和被伤害的感情孰重孰轻？若能将结果考虑到百分之九十的话，争吵则有可以避免。如果不可避免，则要尽量多担当一些，或者尽量缩短争吵时间，争吵的内容也要中肯，就事论事，千万不要涉及其他事情，翻从前的旧账。

世界上的每一段感情、每一个家庭、每一份幸福都是值得珍惜的，“相濡以沫”“白头到老”的婚姻更是离不开担当的锻造。彼此的宽容和忍让是婚姻中的必需，如果太多的计较得失，则等于亲手扼杀自己的幸福！

换位思考，促进彼此关系的和谐

每个人都是造物主的独创，思维、观念自是各不相同。譬如，同是一朵鲜花摆在面前，有的人会生出“花谢花飞飞满天，红消香断有谁怜”的愁绪，有的人会生出“落红不是无情物，化作春泥更护花”的感动；同是一轮明月挂在夜空，有的人会思索“江畔何人初见月，江月何年初照人”，有的人会叹息“举头望明月，低头思故乡”。

女人有怎样的心态，就会有怎样的工作态度、人际关系、生活质量。当你学会换位思考时，就会在遇到问题时多站在他人的角度看待、思考、处理，也才能更多地理解、宽容别人，更合理地提出自己的想法。你善待别人就会被别人善待，正所谓“来而不往，非礼也”，这既是一种良好的互动，也是处理人际关系时的黄金法则。

如何与上司、同事交往是每个女人的情商必修课，其实，与每个人都能融洽、快乐地相处，并不是奢望，前提是你先学会换位思考、然后阐述你的观念，只有将心比心、设身处地地站在对方的立场上体验和思考问题，才能与对方在情感上得到沟通，彼此关系更加和谐。

美美是刚入职的中学老师，这天她手捧一堆试卷，走进教室。她发完试卷，表扬了成绩前十名的同学后，就一一讲解起来。不知不觉，下课铃声响了，美美问学生们另一张试卷是周一发还是今天发。同学们统一说周一发。美美用平淡的语气说："你们也初三了，也该告诉你们复习计划了。"班级鸦雀无声。美美接着说完了复习计划，又对学生们说："如果按你们的计划，那么最后一张试卷就无法讲了。"班级里的"淘气包"小明说："今天累死了！周一再讲！"学生们各抒己见，说什么如果今天讲就会累死。美美觉得学生们一点也没有体会到她这个当老师的心情和辛苦。于是，在讲台上恼羞成怒，生气地说："你们休息去吧！"就匆匆离去。

没想到，第二节课开始时，美美又笑着走进了教室，学生们面面相觑，不知道将会发生什么状况。美美继续笑着说："一想到你们……所以，这节课就给你们自由活动吧！"几个顽皮捣蛋的学生喜出望外。但美美立刻换了一种表情，对他们说："但要留时间给我来安排座位。""没问题！"学生们异口同声。

下班后，美美的一个学生打电话给她，"喂，美美老师吗？我是晓军。""晓军啊，找老师有什么事吗？""我感觉您第二节课有些奇怪。""我？老师很奇怪？怎么了？""您第一节课还很生气，第二节课就像换了个人似的。""哦，那是因为我换位思考了！""什么什么？换位思考？老师，我听不太懂。""换位思考就是站在别人的角度来思考问题。当老师站在你们的角度感受你们的生活时，发现你们真的很累，升学压力也很大。""哦，原来是这样！老师，您真是个理解我们的好老师。我一定号召同学们好好学习，不辜负您的期望。"

或许不是每个人都能做到"海纳百川，能容乃大"，但若能用一颗换位

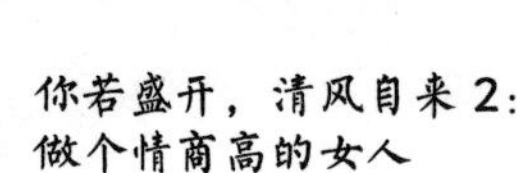

思考之心去处理身边的同事、每天的工作，就能多一份理解、多一种温暖、多一丝感动、多一层美好。听晓军说完最后一句话，美美会心地笑了，她发现：站在别人的角度思考，果然会想得更全面一些。

在工作和生活中，有很多人、很多关系是值得女人去珍惜、理解的，换位思考不仅是你工作中人际交往的一种艺术，也是你立身处世的一种态度，更是你人格素质的一种涵养。

贾嘉大学毕业后，在一家信息公司就职。工作几个月后，贾嘉认为自己在业务与资历方面都有了长足的进展，就不免飘飘然起来。这时贾嘉被人事部调至一个新部门，部门里的一个老同事——美华，引起了她的注意。在贾嘉眼里，美华就是她的对手，公司里多少个有胆、有识、有为的年轻人都在跟美华的较量中落马，其中还有名牌大学毕业的博士生。

所以当知道自己要和美华搭档时，极度自负的贾嘉觉得有一种棋逢对手的感觉，大有和美华一决胜负的勇气。贾嘉觉得自己始终占据各方面的优势：年轻、博学、新潮、反应灵敏、懂电脑、懂英文，这些都是美华无法具备的；更何况自己还对上能迎合领导，对下能活跃气氛，交友广阔，朋友遍天下……

谁料，在慢慢和美华相处的过程中，贾嘉发现自己越来越不如她了，无论大小事，美华总能找到最佳的处理方式，完成得滴水不漏，更别提和同事的相处之道了。一次闲暇，贾嘉问美华："这些年你是如何事无巨细处理部门、公司事务的，怎么会这么游刃有余，让人不得不心服口服？"美华微微一笑："秘诀就是换位思考，将心比心，只有站在他人的角度思量，才能充分理解他人的想法、难处、出发点，这样你拿捏起来就更有分寸了，也更能适当地提出自己的想法。"

换位思考并不需要你要付出惊天地、泣鬼神的言行举止，仅仅一颗善解人意的心便足够了。

如果是你，你会期待别人怎么对待，如果那事发生在你身上，你又期待别人怎样来理解你……换位思考，绝不是一句慷慨激昂的口号，也不是挥毫泼墨就能完整书写的笔画，更不是只停留在表层浅显意义上的词语；而要将心比

心，把自己想要的答案付诸需要你理解的人身上，那样的理解才会更贴切、真实、诚恳、友善。换位思考是要我们对付出的内涵和本质的感知，也是我们心灵的一种高贵语言，更是我们游刃职场的一种利器！

知音难遇，用欣赏的心态对待

渐渐地，当爱情回归理智，当婚姻走进现实，迎接你的将是生活中的各种滋味，此时，唯有慢慢欣赏、品味，才能保持婚姻的别致韵味。人们常说：相识易，相知难；相交易，相爱难！走向婚姻的这一路，经历了从相识到相交到相爱，刚开始，你会感觉爱情像是穿越心灵的旷野，如同阳光穿过水晶般耀眼夺目。

欣赏之情，如同高山流水遇知音，丈夫便是你的伯牙；欣赏之情，如一架待人抚慰的琴，善于弹奏才能奏出“琴瑟和弦”的乐曲；欣赏之情，如同含苞欲放的花朵，必须在最适合自己生长的环境里才能优雅地绽放。同样，女人只有欣赏丈夫，才能最大限度地放松，从而展现出自己最完美的内在，并且不断地提高自己，完善自己，给丈夫以力量、快乐、幸福，直至永远！

宛莹嫁的丈夫，虽然比她小，但是很欣赏她。就拿做饭来说，如果哪天回家来，饭没做熟，丈夫就说：“没事，好饭不怕晚”；如果回家来，饭已放在饭桌上了，他就乐呵呵地问：“亲爱的，今天怎么了，怎么这么积极？”反正无论怎么做，宛莹都对。宛莹常对母亲说：“我知道幸福是什么了，欣赏就是最大的幸福。”丈夫给了她最多的欣赏，她被幸福紧紧围绕。同样，她也以丈夫为豪。虽然丈夫没有念过大学，但是在工作中处处留心，不懂就问，几年的工夫，就能独当一面了，而且他心地很善良，人缘极好。虽然，丈夫也有缺点——干活不愿换工作服。宛莹说了几次，丈夫还是改不掉，宛莹也就不强求了，宛莹心想：反正家有洗衣机，我多洗几次衣服就行了，何必非得改变他呢？再后来，哪天要见客户，丈夫就自觉地回家换衣服了。

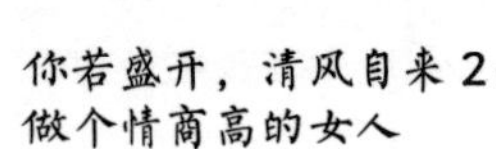

宛莹常说：婚姻中两个人只有互相欣赏，才能互相包容。基于欣赏的包容才是心甘情愿的，是不带一丝一毫勉强的。她不愿用“忍让”二字，“忍”是心上插着一把刀，有不情愿的成分在里面。

她和丈夫的10年婚姻之路走过来，也有过很多坎坷。刚结婚那会儿，他们也吵过架，多是因为婆媳关系。后来宛莹想明白了，既然选择了丈夫，欣赏丈夫，就应该也欣赏丈夫的父母。这样想开了，宛莹就静下心来，一门心思过好自己的日子。相处久了，互相摸清对方的脾气，婆媳关系也就融洽了。

婚姻是一座伟大而崇高的圣殿。女人要拥有一颗欣赏的心，才能领悟圣殿的伟岸，才能身处其中感受人间真爱。宛莹正是在欣赏和包容中，才逐渐发现原来婚姻生活是如此美好，如此，“执子之手，与子偕老”便不再是诗句，而是现实。

对每个女人来说，婚姻生活都是公平的，也许和自己朝夕相伴的丈夫不一定是最好最优秀的，但一定都是最合适的。欣赏就是婚姻的肥料，将此施于婚姻成长的土壤中，才能培育出欣欣向荣的幸福。

楚楠刚结婚时，由于不知道如何处理婚姻关系，她和丈夫的感情不融洽，连带着她的心情不是很好。于是楚楠找有经验的大姐求教，大姐告诉她：“要想使婚姻和谐，多看对方的优点，少看人家的缺点，经常用欣赏的眼光去看待他和他的家人，你的心情就会是晴朗的。”于是楚楠按照她说的话做了。楚楠丈夫喜欢看她写的文章，他经常用赞美的语言对她说：“只要你写的文章，我就是爱看。因为你写的都是真实的故事，绝对没有一点虚构……”丈夫说的话，让楚楠很开心，也深刻地感受到，丈夫是欣赏她的，于是她动情地对丈夫说：“老公，我为了你而写作。”

一天楚楠下夜班回来，发现丈夫正在包粽子，她便在一旁观看，直夸奖丈夫的粽子包得好看，看了就有食欲。听了这样赞美的话，丈夫更开心，包得更用心了。楚楠常跟大姐说：“在欣赏中生活，真是很开心，很快乐。这是我们自从结婚以来，最融洽的时光。”大姐也感叹道：“是啊，你如果一直这样多欣赏他的优点，少看他的缺点。多赞扬，少批评，即使他有不对的地方，也

要有策略地对他说话，尤其不要当别人的面斥责他。他既然和你走到一个屋檐下，就是一家人了，他好，你的脸上也有光啊。”

确实，婚姻本就是这样一种欣赏——用喜爱的心情来领会其中的意味！婚姻的至高境界正是欣赏对方，也被对方欣赏。女人学会用慧眼欣赏，用爱心包容，才能和丈夫在风雨路上相扶相携。欣赏丈夫，才能感觉到他像一棵枝繁叶茂的树，即使没有恋爱时的热情和朝气，即使曾经挺拔的躯干也有些微微弯曲，但却比以前更粗壮、结实了，可以让你放心地依靠。

婚姻的内涵和本质，不是激情四射的卿卿我我，不是甜蜜动听的缠绵誓言，而是会心一笑就能触摸到对方的心灵；婚姻的美丽和可贵，不是山盟海誓的誓言，不是天荒地老的承诺，而是相互的欣赏和理解中蕴含的无私珍爱！

善待自己，别因生活而为难自己

女人善待自己，就是要把握好自己：在业务周旋中，留一份清醒；在纷繁复杂中，留一个角落；在人际交往中，留一丝真诚；在情感追求中，留一点执着；在家庭亲情中，留一缕宁静。

女人，善待自己才能快乐，学会用宽容和理解来面对生活，生活才会变得多姿多彩，才能活出自我、活出幸福！女人善待自己，就是要对自己满意，即使面对困惑与无奈，也要悄悄给自己一个笑脸，为自己加油，让自己拥有一份坦然，能勇敢地面对艰险。

女人善待自己，就是要相信自己，这种自信不是自以为是，也不是自作聪明，而是要自尊自爱、自立自强，不自傲自卑、自暴自贱，不怕磨难挫折、艰辛打击，坚持用知识充实自己，用道德提升自己，用合适的妆容完善自己，乐于追求一切美好的事物。

丽萍发现结婚后，丈夫每天总是打开电视，手里漫不经心地拿着手机，但是他对自己不像以前那么热情了，不像过去来个拥抱或是说几句热心的话。

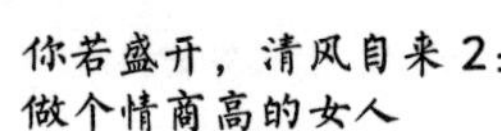

而丽萍依然在厨房里忙着她每天必做的活，默默忍受着。

就这样一天天地过着，丽萍实在忍受不住了，争吵爆发了。丈夫的话深深地刺痛了她，说她是黄脸婆。丽萍拿着镜子认认真真地看着自己：发黄并有点暗沉的脸、蓬松的头发随便撇在一边，好像长时间没有打理了。丽萍决定彻底改变自己。她到美容院做了个美美的面膜、化了精致的妆。当丈夫再次无精打采回到家看到她时一惊，随后脸上绽起了笑容。拉起了她的手……

女人们总认为丈夫爱自己是不会在意这些的，其实我们彻底错了，丽萍丈夫不正是这样吗？对于此，丈夫比我们自己还在意。

你还等什么呢？现在就行动起来，好好善待自己吧。善待自己，女人要学做这“三件事”：学会“关门”，学会关紧昨天和明天这两扇门，认真地过好每一个今天，每一个今天都过得好，这辈子才过得好；学会计算，学会计算自己的幸福才能让自己越来越幸福，计算自己做对的事情才能对自己越来越自信；学会放弃，就是学会“舍得”，记住是“舍”在先，“得”在后，世界上的事情总是有“舍”才有“得”，“一点都不肯舍”或“样样都想得到”是不可能存在的。

在“三件事”的基础上，我们要学会说“三句话”：“算了”，如果无法改变一个已经存在的事实，最聪明的做法就是接受它；“不要紧”，不管发生任何事情，都要为自己加油，告诉自己不要紧，要知道，积极乐观的态度是解决和战胜任何困难的前提；“会过去的”，无论面临怎样雪上加霜的困境，就算雨下再大，风刮得再猛，都要相信风雨之后一定是彩虹高挂，未来总会出现晴空万里的艳阳天！

会“做”会“说”，我们还要会“乐”：助人为乐、知足常乐、自得其乐。具体说来，就是在自己好的时候要多助人为乐，在自己过得不尽如人意时要知足常乐，而当自己过得不如意时则要学会自得其乐。

此外，还有非常重要的“三不要”：不要拿别人的错误来惩罚自己，现实中有许多女人不怕苦、不怕累，工作再多也有条不紊，局面再乱也运筹帷幄，但就是受不了委屈、冤枉，事实上，委屈、冤枉自己就是别人犯的错误，

而你受不起委屈、冤枉就是拿别人的错误来惩罚自己，面对这些“莫须有”，最好的办法就是“一笑泯恩愁”；不要拿自己的错误来惩罚别人，当自己感到冤枉或遭遇不公正对待后，也冤枉他人或不公正地对待他人，这是不明智的，有时候当你伤害他人时，自己也会再次受到伤害，“己所不欲，勿施于人”方是正道；不要拿自己的错误来惩罚自己，如何定义完美好女人，万事不出差错就完美了吗？就好了吗？其实不然，任何人都会做错事、犯错误，完美女人同样如是，关键是她们能仔细找出错误原因，认真吸取教训，确保日后改正！

参考文献

[1]陈晓丽.高校情商教育的现状及对策思考[J].法制与社会，2010（26）.

[2]田秋.聪明女人经：女人掌控生活的智慧[M].北京：新世界出版社，2009.

[3]池雨秋.聪明女人与笨女人的距离[M].北京：中国华侨出版社，2009.

[4]咖啡猫女.女人交际全攻略[M].北京：中国纺织出版社，2010.